室内环境艺术设计与装饰艺术研究

张宇飞◎著

吉林出版集团股份有限公司
全国百佳图书出版单位

图书在版编目（CIP）数据

室内环境艺术设计与装饰艺术研究 / 张宇飞著 . ——
长春 : 吉林出版集团股份有限公司 , 2023.5
ISBN 978-7-5731-3590-2

Ⅰ.①室… Ⅱ.①张… Ⅲ.①室内装饰设计 – 环境设
计 – 研究 Ⅳ.① TU238.2

中国国家版本馆 CIP 数据核字 (2023) 第 104724 号

室内环境艺术设计与装饰艺术研究

SHINEI HUANJING YISHU SHEJI YU ZHUANGSHI YISHU YANJIU

著　　者　张宇飞
责任编辑　林　丽
封面设计　李　伟
开　　本　710mm×1000mm　　　1/16
字　　数　213 千
印　　张　12
版　　次　2024 年 1 月第 1 版
印　　次　2024 年 1 月第 1 次印刷
印　　刷　天津和萱印刷有限公司

出　　版　吉林出版集团股份有限公司
发　　行　吉林出版集团股份有限公司
地　　址　吉林省长春市福祉大路 5788 号
邮　　编　130000
电　　话　0431-81629968
邮　　箱　11915286@qq.com
书　　号　ISBN 978-7-5731-3590-2
定　　价　75.00 元

作者简介

张宇飞

男 1987 年 12 月生 汉族 中共党员

高级工程师

沈阳城市建设学院环境设计专业教师

辽宁宇飞装饰设计工程有限公司总经理

宇飞艺术工程设计事务所创始人 & 设计总监

中国室内装饰协会设计教育委员会委员

辽宁省土木建筑学会理事

辽宁省装饰协会装饰装修行业专家

中国注册高级室内建筑师

中国注册高级住宅室内设计师

中国注册高级景观设计师

代表作品：

2023

沈北新区网络应急指挥中心办公空间设计

2022

沈阳理工大学教职工食堂改造设计

辽宁省对外友好协会室内改造设计

沈阳市沈河区大南街道多福社区室内改造设计

2021

沈阳市铁西区新时代文明实践中心室内设计

沈阳市和平区教育局办公空间设计

辽宁省发改委会议室改造设计

2020

辽宁省安全厅一体化融合作战平台设计

辽宁省政协文史馆庭院改造设计

黑龙江省八五零农场场史馆展陈设计

辽阳市辽宁建筑职业学院校史馆设计

2019

辽宁省政协委员会办公厅改造设计

辽宁省财政厅办公空间改造设计

前　言

　　室内设计是一门综合性很强的专业学科，是根据建筑物的使用性质、所处环境和相应标准，在建筑学、美学、艺术学、环境学等理论指导下，运用物质和技术手段，为人们创造出功能齐全合理、舒适优美、满足物质和精神生活需要的室内空间环境，所以室内设计又被称为室内环境艺术设计。由于人们生活和工作的大部分时间是在建筑内部空间度过的，所以室内环境设计与人们的日常生活关系最为密切，在整个社会生活中扮演着十分重要的角色，同时室内环境设计水平也直接反映出一个国家的经济发达程度和人民的审美水平。

　　伴随着我国改革开放步伐的推进，城乡居民的生活水平得到显著提升，越来越多的家庭开始重视室内装饰，进而促进了我国的室内装饰行业的发展。同时，国家也在积极推进住房相关产业的进步，伴随着室内装饰行业的发展，各种能够应用于室内的轻工业产品也得到了蓬勃发展，所以，我们能断言，现阶段的室内装饰行业是一个有着广阔发展前景的行业，并且在室内用品发展中起着龙头作用。室内装饰材料及构造工艺是室内设计的存在依据和展现媒介，是体现设计师设计思想和展示空间性质、魅力的重要条件。一个优秀的室内设计作品既要有创意，又要贴近人们的实际生活，并能顺利得以实现，这就需要设计师对材料的性能、质感、品种、价格及施工工艺的难易程度有所认识和掌握。

　　本书第一章为室内环境艺术设计概述，分别介绍了室内环境艺术设计内涵、室内环境艺术设计流派和室内环境艺术设计相关学科关系三部分内容；第二章为室内环境空间色彩艺术设计，分别介绍了色彩艺术与色彩心理学和室内环境空间色彩设计的原则与方法两部分内容；第三章为室内环境空间装饰材料设计，分别介绍了室内环境空间结构基础、室内装饰材料基础和室内环境空间装饰材料应用三部分内容；第四章为室内环境艺术设计程序与方案表现，分别介绍了室内环境艺术设计的基本程序和室内环境艺术设计的方案表现两部分内容；第五章为室内环境艺术设计应用实践，分别介绍了展示空间设计概述、展示空间项目案例分析、现代化办公空间设计概述和现代化办公空间项目案例分析四部分内容。

在撰写本书的过程中，作者得到了许多专家学者的帮助和指导，参考了大量的学术文献，在此表示真诚的感谢！

限于作者水平，加之时间仓促，本书难免存在一些疏漏，在此，恳请同行专家和读者朋友批评指正！

张宇飞

2022 年 12 月

目　录

第一章　室内环境艺术设计概述

本章讲述的是室内环境艺术设计概述，主要从以下三方面展开进行详细论述，分别为室内环境艺术设计内涵、室内环境艺术设计流派和室内环境艺术设计相关学科关系。

第一节　室内环境艺术设计内涵

一、室内环境设计的定义

通常来讲，室内装饰是依据人的审美，结合掌握的知识，运用专业的技能，对建筑物的内部空间进行调整。简单来说，就是使用各种材料，结合自身技术与审美要求，将内部空间进行符合人精神需求与实用需求的空间，从而使得自身获得精神上的享受，实现心灵上的满足。同时，还需要保证自身的日常生活、学习与工作也会因此受益，而不是被影响。基于宏大的视角对其进行广义上的定义，我们一般认为室内设计本身就是一种为了对人类享有的生活环境进行优化的创造性活动。

值得注意的是，室内设计、室内装潢、室内装修、室内装饰，这四个较为相近的概念本身并不是完全等同的，它们的含义存在较为明显的区别。

我们首先对室内装潢进行介绍，一般而言，室内装潢本身十分重视对外表的表现，更为追求令人享受的视觉效果，通常情况下，会表现为对室内空间的地面与墙面等地方的色彩的选择与处理，以及对装饰时的材料的选择等。相比之下，室内装修本身更为重视对各种与施工相关的技术应用，而室内装饰则较为关注对内部空间中的各种家具与摆件、绿植等的选择与摆放。室内设计本身会包含以上三个方面的内容，简单来说，就是室内设计不但包含各种工程技术，还包括对内部空间的视觉方面的要求。除此之外，也包括对室内空间的布局调整以及改造，由此就能够确保所有人的不同需求都能够借此得到满足。总的来说，室内设计不但具有实用性和功能性，还存在审美性。并且，它还会将这些特性与契合人内心情感等特点进行有机融合，进一步表现出其中的艺术特性，最终在心理与生理两个方面对人进行刺激，并有效促使人们能够更加真切地追求美、感受美，并不断提高自身生活质量，使人获得精神的愉悦与满足，这也是室内设计价值的宗旨。

值得注意的是，若是对室内设计系统进行深入的研究与分析，就需要结合实践经验，切实了解室内设计系统本身存在的诸多重点以及运行机制，最终建立起基于实践支持下的室内设计系统。

　　尽管在我国室内设计专业已经存在了较长时间，但令人遗憾的是，至今也没有人能够对室内设计的确切含义做到确切掌握，进而导致对它采用多种多样的称谓和概念，甚至有的时候达到令人分辨不清的程度。在这几十年间，人们对它有过不少争论。但是从整体上看，人们对它的意义认识却表现出了从模糊走向清晰的过程，相关研究理论也逐渐从表面走向深刻。下面我们先将几个与室内专业相关的术语和它们的工作范围，按照国际通行标准加以说明。

　　1. 室内装修

　　具体来说，就是对已经完成了土建施工的室内空间的屋顶、墙面、地面以及各种室内设备等进行搭配处理，以便实现室内造型的一体化。简单来说，这就是现阶段的大部分室内设计工作者需要完成的工作。

　　2. 室内装饰

　　追求艺术性的装修形式，主要目的是满足人的视觉享受。一般而言，其主要工作就是对各处进行艺术性的纹样装饰，配置雕塑与壁画等。由设计师在一定程度上利用自然物质或人工制作物，通过各种手段所构成的空间形态。其在关注审美价值的同时，还需要在工艺与材料等方面保持合理，并配合空间构图、色调等。

　　3. 室内陈设

　　简单来说，就是各种应用于日常生活中的各种家具与摆设，其中就包含各种观赏性植物的搭配，以便保证人们日常生活的需求得到满足，并且在一定程度上对生活的环境进行美化。

　　4. 室内装潢

　　室内装潢主要就是室内装修、装饰、陈设的综合设计，其中包括两个要素：首先是面对最新建设完成的工程，需要为其进行更加深入的艺术化装修；其次是将已经建设完成的工程进行其它用途的调整，并坚持进行艺术化的深度装修。

5. 室内设计

以考虑室内环境因素为主，其中包括对生活环境质量、空间艺术效果和科学技术水平等方面进行综合性设计。室内设计工作本身就是要按照建筑设计的思路，对室内空间加以组合，进行合理的改造与创新。通过器材、装饰、装修、照明以及其他手段将人体工程、行为科学以及视觉艺术心理等有机结合。基于生态学视角，对室内环境进行综合性功能布置并利用艺术化的手段进行处理，最终获得物质生活和精神生活完美统一的室内环境与艺术效果。室内设计不仅包含视觉环境与工程技术，还包含物理环境和气氛、意境与其他心理环境及文化内涵等方面的内容。

通常情况下，不同的人可能因为自身的专业背景存在差异而对室内设计本身具备的含义产生不一样的认识。以建筑系统为专业基础的人们，通常会基于设计对象与范围两方面对室内设计的内涵进行理解与研究，普遍认为，室内设计只是对室内空间进行设计。相关设计内容主要包含有室内空间的天花板、墙壁和地面，重点突出了其空间与功能性。很多艺术专业的人在对室内设计进行研究的时候，更多的是从美术学角度对室内设计的内涵加以理解。并且，在大部分艺术专业的人看来，室内设计本身就是利用色彩、线条等美术形式要素对室内空间进行装饰，以获得理想的表现效果，其中最应注重它的装饰性与艺术性。为了能够以一种更加全面且深刻的意志领会室内设计的意义，就需要提升设计师的高度，并基于此连接到更为宽广的语境中，以一种系统的姿态处理相关问题。基于历史的角度进行研究，我们能够明显发现，室内设计本身之所以能够成为一个单独的设计领域，就是因为其在不断地进行发展与演变。它最初是在人类社会发展到一定阶段后才出现的，但其基本理论和方法却是建立在建筑基础之上的。有了建筑，便有了室内，建筑以创造室内空间为根本宗旨。建筑与室内环境都是人类生活中不可或缺的一部分。所以室内其实就是伴随着建筑的崛起应运而生，二者存在着无法割裂的伴生性。鉴于此，在相当长的一段时间里，建筑设计与施工之间联系紧密，并不存在较为明显的分别，在这个时候，设计本身不但涉及室内和室外，而且施工建设也能够顺便解决建筑物内、外部存在的问题。但需要注意的是，随着人们的生活水平不断提高，越来越多的人开始对建筑的内部空间的使用功能以及精神功能提出要求，由此，就直接导致室内逐渐拥有了属于自身的独特性，此消彼长之下，传统形式的设计与施工很难再完美解决室内出现的问题。在此背景下，因为现代社会的分工逐渐变得细致，所以，室内设计与施工便逐步发展成为较为独立的工作领域。所以，我们应当明晰一点，室内设计本身具备足够的独立特性，并且室内设计本身也可以被归类为功能性和艺术性相统一的设计领域中。其中，英国的艺术理论家荷迦兹就曾指出："每一件个别的物体，不论是出于自然还是艺术，各部分是否适合于形成整个物体的目的，是首先必须考虑到的问题"。以功能性和艺术性相统一为切入点，树立整体的室内观念，由此就能够更加深刻地认识室内设计的意义，理解其中的含义，进而协调好设计实践过程中的有关问题并进行有效处理。

室内设计虽然是独立的，并且这种独立性会伴随着生活的发展以及分工的细致逐渐得到增强，但需要注意的是，室内设计本身属于建筑设计的延续与拓展，所以它在很大程度上都不能与建筑进行分割。基于历史发展的角度进行观察与研究，我们明显发现，建筑的内外都是一个整体，而人们之所以持续性地对建筑进行建设与开发，只是为了能够得到称心如意的室内空间，若要获得趋于完美的室内空间，就需要不断提升建筑水平。当对各种存世的优秀的古代建筑进行研究的时候，我们能够发现，其本身具备十分明显的趋同性与一致性。但是，因为室内设计相对独立，并且建筑设计与施工的步骤是从外向内进行的，另外，很多室内设计都十分重视通过设计表现出突出的个性，所以在很大程度上，对统一观念的关注逐渐减弱，进而导致建筑的内部与外部在风格表现上的差异性越来越明显，最终使得室内设计所具有的整体意识与艺术品位大打折扣。另外，有一位十分著名的华裔设计师贝聿铭就曾说过："我们希望有一个属于我们时代的建筑，另一方面，我们又希望有一个可以成为另一个时代的建筑物的好邻居的建筑物"。总而言之，不同的建筑物之间应具有统一和谐的格调，而建筑内、外部更应做到格调一致。

室内设计本身并不属于纯粹的装潢，其本身应当是一项十分具有创意性的任务，由此就需要设计师本人既要具备较为深厚的艺术修养，还需要以一往无前的意志克服种种束缚，基于理性思维的指导，竭尽全力发挥出形式、逻辑等各种创造性的形象思维能力，进而营造一种极为特殊的艺术文化意境。在讲求创意，讲求艺术，重视思维作用的今天，我们绝对不能忽略设计师在进行相关设计的时候所面对的社会现实提出的种种限制性条件，不应忽略基于现有生产力水平影响之下的施工能力与物质条件。并且，普通人对生活环境的实际要求是不可以忽略的。因此，在设计中必须注意这些问题，使室内设计真正成为一种创造性的活动，以适应时代发展的要求，并为人类创造更多的美好家园。在关于室内环境设计方面，张青萍教授曾有过一段生动的论述："用形象化的语言来说，可用'戴镣铐的舞蹈'来概括其特点。所谓'戴镣铐'是针对室内设计的受制约性而言。由于室内本身实用和环境的原因，使得室内设计不能像其他艺术创意那样天马行空，而要受到来自实体和艺术方面的诸多限制。所谓'舞蹈'是针对室内设计的创造性而言的"。

二、室内环境设计的内容

室内环境设计本身属于一个比较复杂的创造过程，其中包含的内容是多方面的，由此就需要设计师们认真思考和动手求解。在实际的室内环境设计中，设计者应该结合具体的环境特点，从功能上、材料选择和布局等多方面出发来确定设计方案，使室内具有良好的视觉形象及舒适的使用空间。概括起来室内环境设计主要工作包含如下几个方面：

（一）空间二次设计

所谓空间二次设计，就是在建筑设计结束后，将一次空间按照特定使用功能及视觉美感需求，进行的空间三度向量设计，其中主要包含有比例尺度以及空间与空间的联系和转换、对比和统一的问题等，以期在空间形态与空间布局上更趋于合理。在室内设计中，首先需要思考的是，处理好空间和功能的关系，按照使用功能的要求，对空间布局与空间形态进行调整，按照精神功能的要求，对空间形态进行调节；需要处理好空间和实体的关系问题，最终决定用何种方法划分空间以及连接空间；还要处理好环境与行为心理需求的关系，创造出适合人们需要的室内空间环境；必须解决好空间的利用和开发的问题，思考怎样对舒适区、空间区域加以充分利用，使之能够满足一个人学习、工作和生活等方面的需求的空间领域。除此之外，对非舒适区域或者是那些很难被利用的空间，就需要进一步考虑将其用于储藏等。

（二）界面形态设计

值得注意的是，一个空间的组成，不能说明它是完美的，只有经过对墙、地面、屋顶等加工处理，才能够充分实现室内空间的预期表现效果。在室内的各个角落都存在着大量不同形式和功能的界面，它们与环境形成了一种相互渗透和影响的关系。所以对界面进行形态设计就是室内设计中的另一项重要内容。界面在室内空间中具有重要作用。应当重点考虑界面本身的结构形态，并基于此确定是否以某种额外装饰材料表现界面形态，抑或是运用界面的结构对其中蕴含的结构美加以表现。另外，也应注意在进行界面设计时如何根据不同的情况而采取适当的方法，即应该结合各种风格的特点及具体环境来选择适宜的材料。兼顾界面材质效果，基于外部环境条件、使用功能、视觉美感的角度，选择合适的材质；依据界面本身所具备的层次变化，可以根据层次的变化突出表现室内空间所具备的领域感与方向感；兼顾界面上存在的图案装饰效果与光影效果，以便能够凸显出室内空间装饰性；重点关注界面本身所表现出的几何形体造型以及界面过渡，经过恰当的处理，促使室内空间界面能够达到浑然一体的表现效果。

（三）家具与陈设配置设计

在室内设计中，家具和室内的其他陈设配置本质上都是重要的组成元素。简单来说，无论什么样的室内空间，只要供人们使用，就一定不会是完全空旷的，不可能没有家具或者各种陈设存在，所以，就需要在其中为使用者配置合适的几套家具，以便更好地满足使用者使用需求。另外，在家具与陈设配置的过程中，因其形状与颜色等方面存在明显的不同，所以表现出了较为突出的美学价值，由此就能够在很大程度上对人们的精神需求加以满足。在进行家具选择的时候，不同的生活方式，所选的家具品种及数量等方面也存在明显差异。除此之外，还需要重点关注不同的室内环境氛围之下的家具摆放方式，寻找二者的契合点。在对室内环境所需的陈设品进行选择的时候，最为重要的就是以合适为目的进行选择与合理配置；协调好室内环境氛围、家具、陈设等关系，以便为使用者带来精神上的享受。

（四）室内环境艺术设计

以满足人们舒适使用为条件，在室内设计中，对艺术感觉的追求同样具有重要意义，涉及空间、界面、家具、陈设等诸多室内构成要素，都是以视觉美学为原则，经过整合设计，实现了形状、色彩、光线等方面的统一，从而营造出富有表现力且感染力强的室内个性，确保营造出的环境氛围富有文化内涵。

（五）室内物理环境设计

对于室内环境设计师来说，为了能够给用户带来无与伦比的高质量享受，就不能只关注硬质环境的设计，还需要重点关注室内的物理环境因素的影响。值得注意的是，通过空调、暖气、排水等技术设备的辅助，能够确保室内环境中的温度、湿度、采光与照明等物理环境因素被妥善解决，在此基础上，室内设计师就需要重点考虑以上技术设备在正常运作的情况下，也能够与周围环境相契合，真正实现室内环境的审美统一。

综合来看，可作如下认识，就室内环境设计而言，以空间为核心，以界面为皮囊，以器物为服装，以艺术效果为追求，以物理环境为保证，这些方面是互为补充、相互影响的，在室内环境设计中，它是主要任务与内容。

三、室内环境设计的目标与责任

（一）室内环境设计的目标

没有一种设计是只表现为简单、反复的图形制作动作还能够得到人们的喜爱的，若要获得更多人的青睐，就需要以新思维为根本。最重要的是提高人类的生活质量。此类改进活动的室内设计亦未有不同。就室内设计而言，思考问题的起点与终极目标都是为了人，满足了人们的生活、生产活动所需，给人创造一个理想的室内空间环境，以便让人觉得自身在其中获得了充分的关心与尊重。

室内环境设计旨在利用已有的技术材料，为人们营造出舒适、实用、安全且健康，并能够充分体现出饱满的审美意趣的室内生活环境。对室内空间的设计是基于善意的目的，有的放矢地对人与物、物与物以及不同人的相互关系进行调整与定位，寻求拓展常规生活模式下新的空间形式。

室内环境设计的目的是满足人的欣慰需求与情感需要。其中，在设计的过程中所使用的设计语言丰富多彩，但是需要注意的一点是，这并不代表室内环境设计需要表现出极度的豪华或简约，只需要契合人们的心理要求，使得设计出来的空间可以让人获得依靠和寄托即可。由此，为人类营造的生活环境，便有了全新的存在层面与意义。室内设计的本质就是通过对室内空间进行规划、组织和安排使之达到某种功能要求，其中，"人"在室内设计中占据着绝对的主角地位，所有物化形式均为其衬托和依托。在室内设计中，首先要保证一切行为都是安全的，并积极探寻合理的设计方向，在一定范围内发扬自身个性，以环境为依托，追求高品质的设计结果，并且始终将人作为核心展开工作。

（二）室内环境设计的责任

以使用者为一个重要设计对象，在设计的过程中必须能够符合其需要，并且不仅要满足基本的生理功能需要，还需要满足心理与精神上的需要等。投资者也是一个设计须承担责任的目标，投资者要做的最重要的一点就是在投资有限的情况下，尽可能地产生最大的收益。所以，室内设计师们必须思考一切切实可行的办法来满足相关需要。除了实现以上目标之外，设计和创作的建筑和室内，在很大程度上对整个环境和社会都产生了影响。室内设计是一门综合艺术，它包括建筑学、心理学、社会学、美学以及经济学等。所以，为了能够使人类可以在良好环境下长期生存，设计师在进行设计的过程中还必须得考虑到它所营造的室内空间给环境和社会带来何种程度的冲击。

四、室内环境设计的程序

室内环境设计是一个涉及多方面知识的艺术创造过程，宗旨就是在多种条件约束下，协调人们对其适应空间之间的合理程度。由此，设计结果就可以很大程度上影响并改变人们的生活状态，提高人们的工作效率，提升人们生活的质量等。

这一目标得以实现，其根本在于设计这一概念的来源，也就是创作的原始动力是什么，是否符合设计方案要求，是否能够成功解决问题等。而要想获得这一概念，其方法主要依赖于科学与理性地分析相关问题并根据发现的问题提出相应的解决办法，这个过程并不是一蹴而就的，需要时间的打磨，设计师的设计概念，应该是在其占有一定数量的已知材料的前提下，非常理性且顺畅地、自然而然地流露出来，并不会如同纯艺术活动一般，突兀地宣泄个人意识。若要实现设计在功能方面的理性分析和艺术形式方面的完美融合，就需要设计师具备良好的品质修养意境和深厚的实践经验，为实现这一目标，设计师们就需要对不同类别的知识加以了解与吸收，并以积极的姿态与敏锐的观察力面对一切事物。只有这样才能从大量繁杂而又琐碎的资料中提取出最重要、最有价值的信息进行处理，从而达到理想效果，这是一个艰苦卓绝的过程，充分考验着设计师的综合能力。在实践中，空间类型越复杂或者空间面积越大、配套设施的要求越多，就更需要由多类型设计师合作来实现相关要求。但是，当前教育形式，很难培养出对各种空间设计与施工工艺等方面的专业知识有着全面了解的设计师。所以说室内设计的专业人员应该有较高的素质和丰富的实践经验才能胜任这一角色。现就室内环境设计的一般程序概述如下。

（一）设计规划阶段

设计之根本，最重要的就是材料占有率，只有在进行完善调查、横向对比、查找海量资料并在归纳整理之后寻找出问题所在，然后进行分析补充，才能够使自己的设计思路逐渐条理清晰。我们以西餐厅的设计为例，若要长久经营，首先就要弄清它经营的水平，消费层次为何，之后据此决定设计规模，明确设计范围。其次要分析市场定位及目标消费者需求特征，明确服务对象，并对服务内容进行细化，依据经营理念、品牌优势等方面的内容，最终确定设计的大致方向。对其他类似空间设计方式进行了横向对比与考察，发现其中存在的问题并吸收相关实践经验，分析它所处地点的利弊情况、交通情况，研究怎样充分利用公共设施，探究化解不利矛盾的方案。因此要做一个好的设计，需要对市场进行充分分析。客户的大概范围决定了设计软件的设施。从实际出发，对环境进行改善，以满足不同层次的需要。在资料搜集和分析阶段，要对人员的流动以及内部工作与路线的规划进行详细分析并加以解决。设计阶段还应提出初步设计概念，艺术表现方向。在这个设计阶段里，要对具体设计方案进行比较、论证与选择，并最终确定其合理性及可行性，明确设计定位。从设计工作的执行情况来看，这个步骤还属于计划的编制阶段，主要工作包含数据的搜集与整理以及对项目进行分析等。

（二）简要分析阶段

设计师需要设计出完美且具有理想化的空间机能分析图，即摒弃了实际平面，又能完全表现出合理状态的功能规划。没有第一时间参照实际平面，就是为了回避由于第一印象的影响而限制设计师的感性思维。尽管有时候并不觉得有什么局限之处，但是原平面的影响存在于潜移默化中，难以逃避。

在基础完善的情况下，则会进入实质性设计阶段，在这一阶段需要进行现场调查与相关数据的详细测量，毕竟只依据图纸进行空间想象并不能够完美适应现实空间的需求，充分认识并了解实际管线及光线能够更好地帮助设计师减少设计和实际效果之间存在的距离。怎样把自己的理想设计融入实际空间中去，就是现阶段要完成的首要工作。室内环境设计中存在一个重要特点，那就是只存在最适合的设计，不存在最完善的设计，所有的设计均有欠缺，因为无论哪一种设计，都会受到某些因素的限制，设计不过是为了在有约束的情况下，通过设计来减少不利条件给用户带来的损失。最终把理想的设计规划由大到小，逐步贯彻在实际图纸中，值得注意的是，在这一过程中不可避免地要牺牲一些因冲突而产生的次要空间，始终坚持整体的合理性，注重人的主体性，以上就是平面规划所坚持的原则。完成了空间规划，然后就需要改善家具设备的布置。有个好的开始，往下推进就异常快。因此，从一开始就应该注重对设计过程的组织和控制，使其有序、高效，并能取得事半功倍的效果。现阶段主要是解决功能布局。从设计工作的执行情况来看，这个步骤属于计划中的草案阶段，主要任务表现为注重设计方案的结构框架、平面上功能布局、空间设计草图以及开发设计节点等。

（三）设计发展阶段

空间上由平面过渡至三维状态，这期间应该把前期设计概念加以改进并落实到三维效果上，要想实现这一目标主要在于材料、色彩、采光与照明等方面的协助。

选材首先要在设计预算之内，由此才能够顺利推进项目建设，由设计概念决定单一或复杂材料。在实际工作中我们会发现一些便宜但合理材料的应用比豪华材料堆砌有着更为优秀的表现效果，但不可否认的是，高品质的材料能够更完美地反映出理想状态中的设计效果。但是，这并不是等同于低预算就无法造就一个理想的设计方案，毕竟设计工程中最为关键的一点就是选择。在室内设计中，设计师需要对不同类型的材料进行综合考量，从而使其发挥出最佳的使用价值。色彩在体现设计理念时必不可少，与材料相得益彰。因为色彩会影响到整个室内的气氛和环境的格调，因此色彩在室内设计中发挥着至关重要的作用。采光和照明的主要作用就是为了烘托气氛，营造理想的氛围，艺术本身要想被人欣赏，就需要通过视觉表达的方式传递给所有人。

设计方案最终都要以三维表现图的形式反映给业主，设计师也会通过三维表现图对自己的设计进行一定程度上的改进与完善。就是说，表现图的好坏会在一定程度上影响方案能否顺利实施。但是，它不会成为决定性因素，毕竟其本身不过是辅助和设计的手段与方法。从设计工作的执行情况来看，这个步骤尚处于设计方案初稿阶段，主要目的是向设计委托人展示设计方案中的特征及理想状态下的最终效果。

（四）细部设计阶段

该步骤为设计方案的复稿阶段，是基于业主同意后对初稿进行完善的阶段。一般而言，若是未能与业主达成共识，就需要重新进行规划回到设计规划阶段或者设计概要分析阶段。这一阶段的要求就是确保设计方案的形式与内容都能够完美符合业主要求。

（五）施工图、预算阶段

依据施工标准绘制对应的施工图，依据计划施工时间进行使用材料、施工人员等的资金预算的计算。在设计工作中，这一步骤需要绘制出满足需求的设计方案成稿。并且，设计方还需要与业主之后的预算与施工进行交流与磋商，以期获得共识，在完成以上工作后，就表明已经彻底完成设计项目，最终开始启动施工。

（六）设计后续服务阶段

对设计人员来说，在施工阶段还需要对设计的完成情况进行监督，并不断对其中出现的各种问题抑或是在面对某些现实情况的时候加以解决，以便施工能够有条不紊地推进，此步骤属于设计的执行阶段。

第二节　室内环境艺术设计流派

设计家、艺术家都是走在风格之前的，只有评论家才走在风格后面，给设计家的作品冠以"浪漫风格，现代风格"。所以，不是评论家引导设计者，设计者也不要跟在评论家后面进行创作和设计。

研究流派的目的不是为了照搬某个流派的理论手法，而是研究产生流派的背景，分析利弊，揭示实质，并在比较、鉴别中，探讨室内设计的正确方法。

室内设计史与几门学术有相互依赖的关系，它是建立在建筑史上，又和装饰艺术要素结合在一起的。而室内设计风格的成因是受不同时代、地域、社会制度、生活方式、文化、习俗、宗教及不同文明形式相互影响的，因而才形成各种不同的风格形式。

一、中国传统风格

（一）品质

（1）庄严典雅的气度——礼教精神。

（2）潇洒飘逸的气质——深奥超脱自然精灵世界。

（二）特色

中国传统建筑，不论民舍和宫殿，均由若干个独立建筑物集合而成，如紫禁城、四合院等。

1. 建筑三要素

（1）台基是整座建筑的基础。

（2）梁柱是全部木构的骨架。

（3）屋顶（分庑殿、歇山、悬山、硬山等）。

2. 室内主要装修程式

室内主要装修程式为框槛，为固定不动部分，它是安装格扇的架子，各有特点。

（1）中槛与下槛之间装门扇（可开启）。

（2）上槛与中槛之间装横披（固定）。

（3）门扇和横披都是格扇。

（4）横披中有"糕子"，是几何型为主的装修。

3. 室内色彩特点

室内色彩极为鲜明夺目（雕梁画柱），各有特点。

（1）墙壁：宫殿、庙宇用红色，住宅用白色、灰色、本色。

（2）梁柱：上半部梁枋拱部分用青绿色调为主，下半部梁枋多用红色间或黑色。

（3）琉璃：宫殿、庙宇多用黄色，王府多用绿色，高宫别馆多用红、蓝、紫、黑色。

4. 室内彩画形式

（1）殿式彩画

装饰宫殿、庙宇为主。多用龙、凤、锦、旋子、西番莲、夔龙、菱花等程式化的象征图案。

（2）苏式彩画

题材广泛，较为写实，多用仙人、鹤、蝙蝠、鹿、蝶、蛤蟆、莲花、牡丹、佛手、桃子等动植物。

其中"龙锦枋心"以梁枋为主：枋心——中段，彩画中心（引龙）；箍头——左右两段（坐龙）；藻头——箍头与枋心间（降龙）。

二、西洋传统风格

（一）古埃及、古希腊

西洋传统风格是指公元前 650 年至公元前 30 年。如狮身人面像（图1-2-2）、"斯芬克司"奇特笑容、造型严格的"正面律"。装饰风格造型严肃、方正，多用动物、植物装饰等。

（1）金字塔——高 146 米，由 230 万块大石组构成，其中最重石块达2.5 吨，造型方正。

（2）柱式——可用于宗教、非宗教建筑的细部。

（3）山形墙——筑于长方形建筑两端，呈扁平三角形，墙面用神话雕饰。

（二）古罗马装饰风格

古罗马装饰风格是指公元前 753 年至公元 365 年。这种风格反映出追求奢侈生活的欲望，气势宏伟。

公元 79 年，维苏威火山爆发，把罗马附近的庞贝城埋在熔岩下，1700年后被发掘出来，并发现住宅中有自来水、暖气设备，连洗手池都饰有大理石雕像，到处都有色彩明艳的壁画。奥古斯都大帝说："要把砖造的罗马城变成大理石的都城"。[①] 其造型装饰特色如下：

（1）窟窿构造法：雄浑的圆拱、圆顶（稳健宏伟）。

（2）半圆柱、半方柱：被用作墙面装饰。

（3）装饰图案：狮爪、人面狮身、方形石像柱、莨苕。

---

① 章锦荣. 外国美术与名作赏析 [M]. 石家庄：河北教育出版社，1999：82.

（三）中世纪装饰风格

1. 拜占庭风格

拜占庭风格是东方装饰设计的代表，但用的古代艺术传统被中断，大批古代艺术作为异教邪物被焚毁，代表作如意大利斜塔旁的"比萨教堂"。装饰特点为：

（1）方基圆顶结构为主，几何形碎锦砖装饰，墙面在庄严中带有纤细的效果，装饰程式化，几何图案。

（2）丝织业兴盛，室内大量用衬垫、壁挂、帷幔。

2. 哥特风格

哥特风格 14 世纪中叶盛行整个欧洲国家，如巴黎圣母院、米兰教堂。后者墙面大；前者除了窗，几乎无墙。像镂空的象牙雕刻，建筑失去了重量，缥缈虚幻，向往天堂。装饰特点为：

（1）尖顶、尖拱、直线为主，细部灵巧、高耸、轻盈。

（2）尖拱中窗格、花饰、碎锦波动，花叶雕刻柱头，具有浓厚的神秘色彩。

（3）瑰丽的垂直线显现出飞腾超脱的境界。

（4）建筑以哥特式尖拱、窗格花饰为主，玲珑华美，纤细高贵。

（四）文艺复兴风格

文艺复兴风格盛行于 15 世纪初至 16 世纪，以意大利为中心展开对古代希腊、罗马文化的复兴运动（长达 200 年）。其特点为：

（1）由中世纪以"神"为中心的桎梏中解脱，转而研究以"人"为中心的古代文化。

（2）建筑、雕刻、绘画艺术自由发展，并日趋辉煌、成熟，以表现人的平等、欲望为主。

（3）建筑室内以古希腊、罗马风格为基础，加上东方和哥特式装饰，表现出庄重稳健；以神表人的壁画，如在古代形式上，螺纹、菱藤、女体像柱、天使、怪兽等，有过分堆砌之弊。

（五）浪漫风格

1. 巴洛克风格

"巴洛克"葡文为 Baroque。"巴洛克"字义为珍珠表面崎岖不平感。这种风格又分为法国巴洛克和英国巴洛克，其特点为：

（1）法国巴洛克（又称路易十四风格）

①空间：宫廷华厦，崇尚空间广大，装饰奢华。

②墙面：室内墙面用大理石、石膏灰泥、雕刻墙板，并饰以华丽多彩的织物、花毯、油画。

③天花板：高大的天花板用精致的模塑装饰。

④地面宽广的地面以华贵地毯铺盖。

⑤家具：家具造型巨大、优美，多用檀木、花梨木、胡桃木精细雕制而成。

⑥靠椅：感觉豪华堂皇，椅背、扶手、椅腿都加以雕饰。优美的弯腿，结构圆润优雅。

⑦色彩：浓艳的家具、摆设与室内背景上大理石、金铜相互辉映，造就出极端豪华、壮丽的景色。

⑧卧室：上流社会常以大而豪华的寝室作炫耀地位、财富的主要形式。名媛贵妇多于日间盛装坐在华丽天盖上待客。

（2）英国巴洛克

①前期：威廉·玛莉风格，将胡桃木镶贴技术应用在家具装饰上，使英国家具趋于明快轻巧。

②后期：安妮皇后即位后，竭力提倡安适、优雅、亲切而和谐的设计形式。

这一时期的家具有以下特点：

线条单纯优美，结构合理实用；造型小巧玲珑，比例匀称优美；靠椅和长榻用简洁的弯腿，西班牙式兽爪脚；椅背用蚌纹、狮首、假面雕刻装饰；色彩浓艳，深色天鹅绒、锦缎织物风格等。

2. 洛可可风格

洛可可（Rococo）为法文 Rocaille（岩石）和 Coquille（蚌壳）的复合，又称路易十五风格，装饰特征如下：

（1）反映当时欢乐、温馨的女性化特质、纤巧和优美。彭巴杜夫人推崇布歇，画了许多裸身的画，如《猎神之浴》。

（2）是对路易十四许多正式的夸大繁缛细节的不满，极其纤巧奢华，表现出皇室贵族奢侈、糜烂的生活。

（3）住宅和家具形体大为缩小，灵巧而亲切。

（4）墙面废除半圆、半方柱装饰，改用花叶、飞禽、蚌纹、涡卷等组成玲珑框当装饰。

（5）家具雕刻精细豪华，精美绝伦。

（6）淡色调，加强了优美温柔的效果。

（7）背垫、坐垫以天鹅绒、锦缎、印花绸为材，夏天改用波纹绸椅套。此后，英国、意大利、西班牙、美国等均受其影响。

三、新古典风格

（一）前期新古典风格

法国 1748 年以古代废墟庞贝城引起的罗马艺术热潮为基础，于 18 世纪末期促成庞贝式新古典风格，即路易十六式风格形成。日后传播至意大利、西班牙等国家，其装饰特征为：

（1）废弃曲线结构和虚饰，设计重点在结构本体上，形体小且单纯。

（2）家具以长方形为主要结构，支架用刻有槽纹的方腿、直腿，形体由上而下逐渐缩小。

在英国，这种风格以罗勃·亚当为先导，后为赫巴怀特、谢拉顿。其装饰特点是：

（1）强调室内家具设计的绝对和谐。天花板、墙壁、地板、家具摆设造型、色彩均以古典趣味作统一处理。

（2）椅背以盾形、心形、古瓶、竖琴形为主，具有强烈生动的古典效果。

（二）后期新古典风格

这种风格主要流行于法国大革命和拿破仑称帝后的法国，"帝政式"采用古典艺术方法鼓吹革命。其中装饰特征是：

（1）法国大革命后，执政内阁风格取代了路易十六式，往昔优雅豪华的形式多被废弃。象征平等、自由、博爱的蓝、白、红三色成为流行时尚。

（2）拿破仑 1804 年称帝，浓厚罗马色彩的"帝政式"应运而生，古代的罗马权标图案变成最时髦的标志，矛、鹰等图案广为流行。

（3）家具设计多以古典造型为主，装饰图案以狮身人面怪兽和女体像柱为主，部分家具以木材模仿罗马石质、铜质家具外形。

当时的主要流行装饰为战鼓形凳子、盔甲装饰的床，代表拿破仑姓氏的"N"字，多反映出强烈的战争气息。

在美国以邓肯·怀夫为代表，家具线条优美，结构简洁，比例完美，造型以古典复古式为主体，加入鹰和星条图案装饰等。

四、19 世纪的混乱风格

19 世纪，新古典主义在表面上为装饰设计主潮，实际上，只是一个诸式杂陈、极端混乱的"庸俗时期"。如有：法国——"路易菲力普式"；德国——"新洛可可式""拜德米亚式"；英国——"维多利亚式""新文艺复兴式"。

多数风格皆模仿前期风格形式，如英国的维多利亚风格（19 世纪混乱风格的代表）。其装饰特色为：

（1）当时工业发达，社会繁荣，中产阶级有足够财力进行室内装饰，但社会修养贫乏，造成极度奢华、艳俗的风气。

（2）室内是浓艳的色彩，雕饰繁杂的家具，款式众多的摆设，堆砌挤塞的空间，表面上炫耀了财富，但掩饰不住内在的贫乏，从而造成低俗、颓废的格调。

（3）当时"现代装饰设计主义"者威廉·莫里斯倡导"艺术工业运动"，也违反工业时代的机械精神，盲目提倡以中世纪艺术为基础的手工设计。表面看来似乎改变了设计的风格，但实际上无助于现代风格的产生。

五、现代风格

（一）各种设计运动

"风格运动"借助文字传播力量，推广了新兴观念和理想。

"包豪斯运动"仰赖学校教育方式，建立了现代设计基本理论和风格。目标一致，致力于追求艺术与生活的结合、艺术与科学技术的统一，形成现代风格的主流，创造出科学的"机能主义"、理性的"新造形主义"，设计特征为：

（1）强调"功能第一、形式第二"。

（2）注意新技术与新材料的应用。

（3）抛弃传统。

（二）代表人物

1. 格罗佩斯

格罗佩斯是现代风格理论奠基人之一，他反对复古，反对建筑采用传统式样。他在《全面建筑观》指出：历史表明，美的观念随着思想技术的进步而改变。谁要是以为自己发现了"永恒的美"，他就会陷于模仿和停滞不前。真正传统是不断前进的产物。它的本质是动力不是静止，传统应推动人们不断前进[1]。

---

[1] 李超德. 论产品设计的形式审美 [J]. 苏州大学学报（工科版），2001，21（2）：74-77.

2. 勒·柯布西耶

勒·柯布西耶在其著作《走向新建筑》中提出现代住宅的定义："住宅是居住的机器"。[①] 他主张以工业化方法大规模建造房屋；主张以几何、数学方式进行设计，创造几何式的抽象形建筑。

3. 密斯·凡·德·罗

密斯·凡·德·罗强调抛弃传统，追求时代精神。在他看来，功能第一，形式不是人们的工作目的，它只是结果。

4. 赖特

赖特反对"住宅是居住机器"的主张，他认为建筑应该与自然环境融为一体，不要形成与自然的生硬对比。其代表性作品为《有机建筑》。他的设计特点为：

（1）更重视探索材料本身在表现形式方面的创新，突出表现其中功能，并通过大量作品反映他的构成主义理论。

（2）依据荷兰风格派的要求，所有作品都应当转化为最简单的几何图形，削减其中的人情味。

（3）反对传统样式，讲求机械化、批量化生产。

（三）代表流派

1. 现代主义风格

20世纪50年代的现代主义风格具有新现代主义的以下特点：

（1）提倡室内设计家庭用品、工作与生活空间具有一种可移动性，呈现弹性特征。

（2）反对传统，主张可分可合的组合和轻快的设计风格，主张室内空间有机分离与联系。

2. 加利福尼亚风格

（1）平而悬撑起的屋顶，大片玻璃墙使内外空间变成有机的两部分。

（2）这类风格的建筑造成流动、弹性空间，从而要求家具压缩体积，

---

① 封丽娟，程丽昀，肖丹.居住空间设计[M].成都：电子科技大学出版社，2020：1.

并可组合（组合家具）。

（3）要求家庭用品减少到最低限度，并与整个室内设计有统一的风格。以工整的几何形为主，少许曲面变化为辅。

以上两种风格并无本质区别，它们均是功能第一，形式第二，都重视人体工学、经济原则。可以这样说，后者是前者的逻辑发展。区别在于当代风格强调设计上的生动与有机结构，人情味比前者稍显冷淡、生硬。

3. 流行派风格

盛行于 20 世纪 60 年代的流行派风格有以下特色：①奇形怪状，令人难以捉摸的空间形式；②五光十色、跳跃变换的灯光；③浓重的色彩、流动的线条、抽象的图案，把雕塑上色渲染；④造型奇特的家具和设施。

形成这一特色的原因有以下几方面：

（1）当时经济繁荣，科技新突破，1969 年登月成功，出现了太空热。大力宣传宇宙时代，按钮遥控成为时尚，连厨房也设计成像船内舱一样。各种橱柜、照明等皆成了仪表板式样。

（2）由于越南战争，使一部分青年成立反现政府组织、民权组织、新左派组织和黑豹党。另一部分青年感到现实世界幻灭，从而追求享乐、刺激、颓废，被称为嬉皮士、易皮士、"垮掉的一代"。

（3）这些青年人成为主要消费市场，他们要求刺激、新奇，口味更为现代化。他们认为：20 世纪 30—40 年代的设计太严肃，刻板，50 年代又过于工整、古怪、胆小。所以出现了用超现实派手法进行室内设计的现象。

4. 工业化风格

工业化风格出现于 20 世纪 70—80 年代。

1972 年，意大利提倡"新的家庭面貌"，认为：

（1）家具不是单件的、孤立的、死的产品，而是环境与空间的有机构成之一；厨房、卧室、卫生间等，都由可折叠组合的有机单元组成。

（2）有人称"20 世纪 70 年代的房间是办公室"，室内大量采用金属预制件成风（大量使用表面反光强的材料，重视灯光效果，使用色彩鲜艳的地毯）。把电视机、电冰箱、汽车、音响设计成电子仪表的式样，外表满布开关、旋钮、指示灯。家具纤细、轻薄，极尽装饰等。

（3）崇尚"机械"，把梁板结构、空间网架各种设备管道暴露于外，并染上红、绿、黄、蓝等色彩。1976年巴黎建成的"蓬皮杜国际艺术文化中心"其中现代艺术博物馆、公共情报图书馆、工业设计中心、音乐研究所的六层楼全部暴露结构、管道、设备、自动扶梯。

5. 后现代主义

20世纪80年代，西方国家工业发展迅速，造成大量环境污染，世界各国受到原子战争威胁，加上不少国家尚有种族歧视，因此，人们追求回归大自然，而产生后现代流派。其设计特色为：

（1）强调装饰。

（2）追求浪漫情调，以致荒诞（各不相干事物连在一起）。

（3）追求复古。

（4）追求奇异、强烈色彩、感人的形式力量。

第三节 室内环境艺术设计与相关学科的关系

室内设计属于综合性学科，既有艺术性，又有科学性。所以，优秀的室内设计师，不但要了解丰富资料，还需要不断学习其他科目的有用知识，让他的设计作品更富有科学内涵。人体工程学、环境心理学、建筑光学、建筑构造和建筑设备以及其他学科都和室内设计学科之间存在着密切的联系，这在很大程度上促进了怡人、舒适的室内环境的营造。

一、人体工程学与室内环境设计

（一）人体工程学的含义与发展

人体工程学以人、物和环境为研究对象，主要研究这三者之间的相互关系与相互作用。人体工程学最初是为了在工业社会中探寻人和机械的和谐，以便进一步改善工作条件，促进劳动生产率提高等。在第二次世界大战中，为了使武器装备发挥最大功效，降低操作事故的发生，对战斗人员加以保护，在军事科学技术上，人体工程学原理与方法开始得到应用。比如在对坦克或飞机的舱体内部进行设计的时候，为了更好地保证战斗人员的操作与战斗能够顺利进行，需要正确设计舱体内部，建立战斗人员、操作系统与舱体内部空间的协调关系，以便确保战斗人员不会受限于疲劳感。在第二次世界大战后，世界各国开始全力发展经济，并积极将人体工程学的相关成果应用于各种领域中，有效促进了人体工程学的发展。

现阶段社会已经发展至信息社会时代，各行各业都以人为本。而人体工程学所强调的正是人本身，以人为主，对人的衣食住行等进行综合研究与分析，顺应了社会发展的需要，它广泛影响了各个领域。

IEA 给人体工程学科下了一个定义，大多数人都认为它最权威和最全面的，也是人体工程学是对一定工作环境下的人类进行解剖学、生理学、心理学等诸因素的研究，并明晰人类与机器、环境之间的关系，研究如何兼顾工作效率、身体健康等方面的协调关系。根据人体工程学在国内开展的具体状况，并与室内设计加以联系，最终可以把人体工程学的意义理解成：以人为主，应用人体测量学和生理学、心理学等学科的研究方法与手段，对人体的结构、功能、心理等方面与室内环境中的各种重要因素的关系进行研究，可以更好地满足人们身心活动的需要，获得最佳使用效能，并且始终坚持以安全、健康、舒适、高效为宗旨。

（二）人体尺度

在人体工程学中，人体测量与人体尺寸是基本组成部分。并且，各国研究工作者对本国人体尺寸都进行过许多调查和研究，据此发表了诸多可供参考的信息和标准，在此对人体尺寸的几个基本概念与基本应用原则，以及国内部分相关资料作简要叙述。

1. 静态尺寸和动态尺寸

人体尺寸一共可以分为两类：分别是静态尺寸、动态尺寸。其中，静态尺寸主要是指被试者在标准的固定位置上测量的躯体尺寸，又被称作结构尺寸。动态尺寸则是指人体在活动状态下的躯体尺寸，也被称作功能尺寸。尽管静态尺寸十分契合某些设计目的，但是多数时候，动态尺寸有着更为广阔的应用范围。因此，必须正确地认识和理解静态尺寸与动态尺寸。使用人体动态尺寸时应充分考虑到人体活动的多种可能，考虑到身体各个部位协调动作具体表现。

（1）我国成年人人体静态尺寸。《中国成年人人体尺寸》（GB10000—1988）是 1989 年 7 月开始实施的我国成年人人体尺寸国家标准。该标准共提供了七类共 47 项人体尺寸基础数据，标准中所列出的数据是代表从事工业生产的法定中国成年人（男 18~60 岁，女 18~55 岁）的人体尺寸，并按性别分开列表。我国地域辽阔，不同地域人体尺寸有较大差异。如表 1-3-1 所示，是按照较高、较矮及中等三个级别所列的人体尺寸（部分）[1]。

---

① 张仲凤，张继娟. 家具结构技术 [M]. 北京：机械工业出版社，2020：20.

表 1-3-1 我国不同地区人体各部分平均尺寸（毫米）（部分）

编号	部位	较高人体地区（冀、鲁、辽）		中等人体地区（长江三角洲）		较低人体地区（四川）	
		男	女	男	女	男	女
A	人体高度	1690	1580	1670	1560	1630	1530
B	肩宽度	420	387	415	397	414	385
C	肩峰至头顶高度	293	285	291	282	285	269
D	正立时眼的高度	1573	1474	1547	1443	1512	1420
E	正坐时眼的高度	1203	1140	1181	1110	1144	1078
F	胸廓前后径	200	200	201	203	205	220
G	上臂长度	308	291	310	293	307	289
H	前臂长度	238	220	238	220	245	220
I	手长度	196	184	192	178	190	178
J	肩峰高度	1397	1295	1379	1278	1345	1261
K	1/2 上骼展开全长	869	795	843	787	848	791

（2）我国成年人人体动态尺寸。人们在进行各项工作活动时都需要有足够的活动空间，人体动态尺寸对活动空间尺度的确定有重要的参考作用。

2. 人体尺寸的应用

一般认为，针对室内设计中的不同情况可按以下三种人体尺度来考虑：

（1）按较高人体高度考虑空间尺度，如楼梯顶高、栏杆高度、阁楼及地下室净高、门洞的高度、淋浴喷头高度、床的长度等，一般可采用男性人体身高幅度的上限 1730 毫米，再另加鞋厚 20 毫米。

（2）按较低人体高度考虑空间尺度，如楼梯的踏步、厨房吊柜、隔板、挂衣钩及其他空间置物的高度、盥洗台、操作台的高度等，一般可采用女性人体的平均高度 1560 毫米，再另加鞋厚 20 毫米。

（3）一般建筑内使用空间的尺度可按成年人平均高度 1670 毫米（男）及 1560 毫米（女）来考虑，如剧院及展览建筑中考虑人的视线以及普通桌椅的高度等。当然，设计时也需要另加鞋厚 20 毫米。

（三）人体工程学在室内环境设计中的运用

人体工程学作为一门新兴的学科，在室内环境设计中应用的深度和广度还有待于进一步开发，目前已开展的应用主要有以下几个方面：

（1）作为确定个人以及人群在室内活动所需空间的主要依据。根据人体工程学中的有关测量数据，从人体尺度、活动空间、心理空间及人际交往空间等方面获得依据，从而在室内设计时确定符合人体需求的各不同功能空间的合理范围。

（2）作为确定家具、设施的形体、尺度及其使用范围的主要依据。室内家具设施使用的频率很高，与人体的关系十分密切，因此，它们的形体、尺度必须以人体尺度为主要依据。

同时，为了便于人们使用这些家具和设施，必须在周围留有充分的活动空间和使用余地，这些都要求由人体工程学科学地予以解决。室内空间越小，停留时间越长，对这方面内容进行科学测试的要求越高，如车厢、船舱、机舱等交通工具内部空间的设计，必须十分重视相关人体工程学数据的研究。

（3）提供适宜人体的室内物理环境的最佳参数。室内物理环境主要包括：室内光环境、声环境、热环境、重力环境、辐射环境、嗅觉环境、触觉环境等。有了适应人体要求的上述相关科学参数后，在设计时就有可能作出比较正确的决策（表 1-3-2），从而设计出舒适宜人的室内环境。

表 1-3-2　室内允许噪音级（昼间）

建筑类别	房间名称	允许噪音级（A 声级，dB）			
		特级	一级	二级	三级
住宅	卧室、书房	—	≤ 40	≤ 45	≤ 50
	起居室	—	≤ 45	—	≤ 50
学校	有特殊安静要求的房间	—	≤ 40		
	一般教室	—		≤ 50	
	无特殊安静要求的房间	—			≤ 55
医院	病房、医务人员休息室	—	≤ 40	≤ 45	≤ 50
	门诊室	—	≤ 55	≤ 55	≤ 60
	手术室	—	≤ 45	≤ 45	≤ 50
	听力实验室	—	≤ 25	≤ 25	≤ 30
旅馆	客房	≤ 35	≤ 40	≤ 45	≤ 55
	会议室	≤ 40	≤ 45	≤ 50	≤ 50
	多功能厅	≤ 40	≤ 45	≤ 50	—
	办公室	≤ 45	≤ 50	≤ 55	≤ 55
	餐厅、宴会厅	≤ 50	≤ 55	≤ 60	—

1. 老年人室内环境设计

随着年龄的增长，老年人身体各部分的机能如视力、听力、体力、智力等都会逐步衰退，心理上也会发生很大的变化。视力衰退将导致眼花、色弱、视力减退甚至失明，听力减退导致听力减弱甚至耳聋；体力的衰退会造成手脚不便，步履蹒跚，行走困难，智力的衰退会产生记忆力差、丢三落四，做事犹豫迟疑、运动准确性降低。身体机能的这些变化造成了自身抵抗能力和身体素质的下降，容易发生突然病变，而心理上的变化使老年人容易产生失落感和孤独感。对老年人的这些生理心理特征，应该在室内设计中特别予以关注。随着我国人口结构的逐步老龄化，老年人的室内设计更应该引起人们的高度重视。

（1）老年人对室内环境的特殊需求

①生理方面

生理方面，老年人对室内环境的需求应该考虑下述几个特殊问题：

A 室内空间问题。由于老年人需要使用各种辅助器具或需要别人帮助，所以要求室内空间比一般的空间大，一般以满足轮椅使用者的活动空间大小为佳。

B 肢体伸展问题。由于生理老化现象，老人经常有肢体伸直或弯曲的困难，因此必须依据老年人的人体工程学要求进行设计，重新考虑室内的细部尺寸及室内用具的尺寸。

C 行动上的问题。由于老年人的肌肉强度及控制能力不断减退，老人的脚力及举腿动作容易疲劳、有时甚至必须依靠辅助用具才能行动，所以有关走廊、楼梯等交通系统的设计均需重新考虑。

②心理方面

人们的居住心理需求因年龄、职业、文化、爱好等因素的不同而不同，老年人对内部居住环境的心理特殊需求主要为：安全性、方便性、私密性、独立性、环境刺激性和舒适性等。

老年人的独立性意味着老年人的身体健康和心理健康。但随着年龄的增长，老年人或多或少会受到生理、心理、社会方面的影响，过分独立要消耗他们大量的精力和体力，甚至产生危险。因此，老年人室内居住环境设计要为老年人的独立性提供可依托的物质条件，创造一个实现独立与依赖之间平衡的环境。这种独立与依赖之间平衡的环境应该依据老年人的生理、心理及社会方面的特征，能弥补老年人活动能力退化后的可移动性、可及性、安全性和舒适性等，弥补老年人感知能力退化的刺激性，弥补老年人对自身安全维护能力差的安全感及私密性，弥补老年人容易产生孤独感和寂寞感的社交性，对老年人的室内居住环境实施"以人为本"的无障碍设计。但是，弥补性又不能太过分，过分的弥补会使老年人丧失机体功能，这种环境既要促使老人发挥最大的独立性，又不能使老人在发挥独立性时感到紧张和焦虑。

（2）针对老年人的室内环境设计

①室内空间设计

A. 室内门厅设计。门厅是老人生活中公共性最小的区域，门厅空间应宽敞，出入方便，具有很好的可达性。门厅设计中应考虑一定的储物、换衣功能，提供穿衣空间和穿衣镜。为了方便老年人换鞋，可以结合鞋柜的功能设置换鞋用的座椅。

B. 卧室设计。由于老年人生理机能衰退、免疫力下降，一般都很怕冷，容易感染疾病，因此，老人的卧室应具有良好的日照和通风、在有条件的情况下考虑冬季供暖。老年人身体不适的情况时有发生。因此，居室不宜太小，应考虑到腿脚不便的老年人轮椅进出和上下床的方便。床边应考虑护理人员的操作空间和轮椅的回转空间，一般都应至少留宽 1500 毫米。老年人出于怀旧和爱惜的心理，对惯用的老物品不舍得丢弃，卧室应该提供一定的储藏空间。

C. 客厅、餐厅设计。客厅、餐厅是全家团聚的中心场所。老年人一天中的大部分时间是在这里度过的。应充分考虑客厅、餐厅的空间、家具、照明、冷暖空调等因素。

D. 厨房的设计。一般来说，老年人使用的厨房要有足够大的空间供老年人回转。老年人因为生理上的原因，在尺寸上有特殊要求，不仅厨房的操作台、厨具及安全设备需特别考虑，还应考虑老年人坐轮椅通行方便及必要的安全措施。

a. 操作台。老年人厨房操作台的高度较普通住宅低，以 750~850 毫米为宜，深度最好为 500 毫米。操作面应紧凑，尽量缩短操作流程。灶具顶面高度最好与操作台高度齐平，这样只要将炊具横向移动就可以方便地进行操作了。

操作台前宜平整，不应有突出，并采用圆角收边。操作台前需有 1200

毫米的回转空间，如考虑使用轮椅则需1500毫米以上。对行动不便的老年人来说，厨房里需要一些扶手，方便老年人的支撑。在洗涤池、灶具等台面工作区留有足够的容膝空间，高度不小于600毫米。若难以留设，还可考虑拉出式的活动工作台面。由于老年人的视觉发生衰退，他们对于光线的照度要求比年轻人高2—3倍，因此操作台面应尽量靠近窗户，在夜间也要有足够的照明，防止不良的阴影区，以保证老年人操作的安全与方便。

b.厨具存放。对老年人来说，低柜比吊柜好用。经常使用的厨具存放空间应尽可能设置在离地面700~1360毫米间，最高存放空间的高度不宜超过1500毫米。如利用操作台下方的空间时，宜设置在400~600毫米之间，并以存放较大物品为宜，400毫米以下只能放置不常用的物品，以避免经常弯腰。操作台上方的柜门应注意避免打开时碰到老人头部或影响操作台的使用，所以操作台上方的柜子深度宜在操作台深度的1/2以内（250~300毫米）。

c.安全设施。安全的厨房对老年人来说应当是第一位的。无论使用煤气或电子灶具均应设安全装置、煤气灶应安装燃气泄漏自动报警和安全保护装置。另外，厨房应利用自然通风加机械设备排除油烟，还应该考虑采用自动火警探测设备或灭火器，以防油燃和灶具起火。装修材料也应注意防火和便于老年人打扫，地面避免使用光滑的材料。

E.卫生间的设计。老年人夜间上厕所的次数随着年龄而增加，因此卫生间最好靠近卧室和起居空间，方便使用。老年人使用的卫生间面积通常应比普通的大些。这是由于许多老年人沐浴需要别人帮助，因此卫生间浴缸旁不仅有900毫米×1100毫米的活动空间供老年人更换衣服，还要有足够的面积，以容纳帮助的人。卫生间的地面应避免高差，不可以有门槛。如果老年人使用轮椅，卫生间面积还应该考虑轮椅的通行，并且门的宽度大于900毫米。

老年人对温度变化的适应能力较差，在冬天洗澡时冷暖的变化对身体刺激较大而且有危险，所以必须设置供暖设备并加上保护罩以避免烫伤。老年人在夜间上厕所时，明暗相差过大会引起目眩，所以室内最好采用可调节的灯具或两盏不同亮度的灯，开关的位置不宜太高或太低，要适合老年使用者的需求。

卫生间是老年人事故多发的区域，为防止老年人滑倒，浴室内的地面应采用防滑材料，浴缸外铺设防滑垫。浴缸的长度不小于1500毫米，可让老年人坐下伸腿。浴缸不得高出卫生间地面380毫米，浴缸内深度不得大于420毫米，以便老人安全出入。浴缸内应有平坦防滑槽、浴缸上方应设扶手及支撑、浴缸内还可设辅助设施。对能够自行行走或借助拐杖的老年人、可以在浴缸较宽一侧加上坐台，供老人坐浴或放置洗涤用品。对于使用轮椅的老年人，应当在入浴一侧加一过渡台，过渡台和轮椅及浴缸的高度应一致，过渡台下应留有空间让轮椅接近。当仅设淋浴不设浴缸时，淋浴间内应设坐板或座椅。

老年人使用的卫生间内宜设置坐式便器，并靠近浴盆布置，这样当老年人在向浴缸内冲水时，可作为休息座位。考虑到老年人坐下时双脚比较吃力，坐便器高度应不低于430毫米，其旁应设支撑。乘轮椅的老人使用的坐便器坐高应在760毫米左右，其前方必须有900毫米×1350毫米的活动空间，以容轮椅回转。

老年人用的洗脸盆一般比正常人低，高度在800毫米左右，前面必须有900毫米×1000毫米的空间，其上方应设有镜子。坐轮椅的老年人使用的洗脸盆，下方要留有空间让轮椅靠近。洗脸盆应安装牢固，能承受老人无力时靠在上面的压力。

②室内细部设计

A.扶手

由于老年人体力衰退，在行路、登高、坐立等日常生活起居方面都与精力充沛的中青年人不同，需要在室内空间中提供一些支撑依靠的扶手。扶手通常在楼梯、走廊、浴室等处设置，不同使用功能的空间里，扶手的材质和形式还略有区别，如浴室内的扶手及支撑应为不锈钢材质，直径18毫米。而楼梯和走廊宜设置双重高度的扶手、上层安装高度为850~900毫米，下层扶手高度为650~700毫米。下层扶手是给身材矮小或不能直立的老年人、儿童及轮椅使用者使用的。扶手在平台处应保持连续，结束处应超出楼梯段 300 毫米以上，末端应伸向墙面，宽度以 30~40 毫米为宜，扶手的材料宜用手感好、不冰手、不打滑的材料，木质扶手适宜。为方便有视觉障碍的老年人使用，在过道走廊转弯处的扶手或在扶手的端部都应该有明显的标志，以表明扶手结束，当然也可以贴上盲文提示等。

B. 水龙头

为保证老年人使用的方便，水龙头开关宜采用推或压的方式。若为旋转方式，需为长度超过 100 毫米的长臂杠杆开关。冷热水要用颜色加以区分。有条件的情况下，还可以采用光电控制的自动水龙头或限流自闭式水龙头。

C. 电器开关及插座

为了便于老年人使用，灯具开关应选用大键面板，电器插座回路的开关应有漏电保护功能。

D. 门

老年人居住空间的门必须保证易开易关，便于使用轮椅或其他助行器械的老年人通过，不应设有门槛，高差不可避免时应采用不超过 1/4 坡度的斜坡来处理。门的净宽在私人居室中不应小于 800 毫米，在公共空间中门的宽度均不应小 850 毫米。门扇的质量宜轻并且容易开启。公共场所的房门不应采用全玻璃门，以免老年人使用器械行走时碰坏玻璃，同时也应避免使用旋转门和弹簧门，宜使用平开门、推拉门。

2. 儿童室内环境设计

儿童的生理特征、心理特征和活动特征都与成年人不同，因而儿童的室内空间是一个有别于成年人的特殊生活环境。在儿童的成长过程中，生活环境至关重要，不同的生活环境对儿童个性的形成带来不同的影响。为了便于研究和实际工作的需要，在这里根据儿童身心发展过程，结合室内设计的特点，综合地进行阶段划分，把儿童期划分为：婴儿期（3 岁以前）、幼儿期（3~6 岁）和童年期（7~11 岁）。由于 12 岁以上的青少年行为方式与人体尺度可以参照成年人标准，因此这里不做讨论。进行这样的划分，只是便于设计师了解儿童成长历程中不同阶段的典型心理和行为特征，充分考虑儿童的特殊性，有针对性地进行儿童室内空间的设计创作，设计出匠心独具、多姿多彩的儿童室内空间，给儿童创造一个健康成长的良好生活环境。

（1）儿童的人体尺度

为了创造适合儿童使用的室内空间，首先使设计符合儿童体格发育的特征，适应儿童人类工程学的要求。因此，儿童的人体尺度成为设计中的主要参考依据。

（2）儿童的室内设计

儿童室内空间是孩子成长的主要生活空间之一，科学合理地设计儿童室内空间，对培养儿童健康成长、养成独立生活能力、启迪儿童的智慧具有十分重要的意义。合理的布局、环保的选材、安全周到的考虑，是每个设计师需要认真思考的内容。

①婴儿的室内设计

A. 位置。由于婴儿的一切活动完全依赖父母，设计时要考虑将婴儿室紧邻父母的房间，保证婴儿便于被照顾。

B. 家具。对婴儿来说，一个充满温馨和母爱的围栏小床是必要的，同时配上可供父母哺乳的舒适椅子和一张齐腰、可移动、有抽屉的换装桌（以便存放尿布、毛巾和其他清洁用品）。另外，还需要抽屉柜和橱柜放置孩子的衣物，用架子或大箱子来摆玩具。橱柜的门在设计时应安装上自闭装置，以免在未关闭时，婴儿爬入柜内，如果这时有风吹来把门关上，会造成婴儿窒息。

C. 安全问题。婴儿大多数时间喜欢在地上爬行，必须在设计中重新检查婴儿室及居家摆设的安全性。为避免活蹦乱跳的宝宝碰撞到桌脚、床角等尖锐的地方，应该在这些地方加装安全的护套。为安全起见，婴儿室内的所有电源插座，都应该安上防止儿童触摸的罩子，房间内的散热器也要安装防护装置。楼梯、厨房或浴室等空间的出入口应置放阻挡婴儿通行的障碍物，以保证他们无法进入这些危险场地。

②幼儿的室内设计

3岁以后的孩子就开始进入幼儿期了，他们的身体各部分器官发育非常迅速、肌体代谢旺盛，消耗较多，需要大量的新鲜空气和阳光，这些条件对幼儿血液循环、呼吸、新陈代谢都是必不可少的。幼儿对安全的需要是首位的，幼儿的安全感不仅形成于成年人给予的温暖、照顾和支持，更形成于明确的空间秩序和空间行为限制。幼儿还要求个人不受干扰、不妨碍自己的独处和私密性，他们不喜欢别人动他的东西，喜欢轻松、随意活动的空间。

A. 卧室的设计

a. 位置。为方便照顾并在发生状况时能就近处理，幼儿的房间最好能紧邻主卧室，最好不要位于楼上，以避免刚学会走路的幼儿在楼梯间爬上爬下而发生意外。

b. 家具设计。幼儿卧室的家具应考虑使用的安全和方便，家具的高低要适合幼儿的身高，摆放要平稳坚固，并尽量靠墙壁摆放，以扩大活动空间。尺寸按比例缩小的家具、伸手可及的搁物架和茶几能给他们控制一切的感觉，满足他们模仿成年人世界的欲望。总之，幼儿家具应以组合式、多功能、趣味性等为特色，讲究功能布局，造型要不拘常规。设计不要太复杂，以容易调整、变化为指导思想，为孩子营造一个有利于身心健康的空间。

c. 安全问题。出于对幼儿安全的考虑、幼儿的床不可以紧邻窗户，以免发生意外。床最好靠墙摆放，既可给孩子心理上的安全感，又能防止幼儿摔下床。当孩子会走后，为避免他们到处碰伤桌角及橱角等尖锐的地方应采用圆角的设计。

d. 采光与通风。幼儿大部分活动时间都在房里，看图画画、玩玩具或做游戏等，因此孩子的房间一定要选择朝南向阳的房间。新鲜的空气、充足的阳光，以及适宜的室温，对孩子的身心健康大有帮助。

B.游戏室的设计

对学龄前的幼儿来说，玩耍的地方是生活中不能缺少的部分。游戏室的设计主要强调启发性，以启发幼儿的思维，所以空间设计必须具有启发性、让他们能在空间中自由活动、游戏、学习，培养其丰富的想象力和创造力，让幼儿充分发展他们的天性。

C.玩具储藏空间的设计

玩具在幼儿生活中扮演了极为重要的角色，玩具储藏空间的设计也颇有讲究。设计一个开放式的位置较低的架子、大筐或在房间的一面墙上制作一个类似书架的大格子，便于孩子随手拿到。将属性不同的玩具放入不同的空间，便于家长整理。经过精心设计的储藏箱不仅有助于玩具分类，更可以让整个房间看起来整齐、干净。

③童年期的儿童室内设计

童年期为6~12岁，这一时期包括了儿童的整个小学阶段。整个童年期是儿童从具体形象性思维为主要形式逐步过渡到以抽象逻辑思维为主要形式的时期。这时候孩子的房间不单是自己活动、做功课的地方，最好还可以用来接待同学共同学习和玩耍。简单、平面的连续图案已经无法满足他们的需求，特殊造型的立体家具会受到他们的喜爱。

A.儿童居室的设计

让儿童拥有自己的房间，将有助于培养他们的独立生活能力。专家认为，儿童一旦拥有自己的房间，就会对家更有归属感，更有自我意识、空间的划分等使儿童更自立。

在儿童房的设计由于每个小孩的个性、喜好有所不同，对房间的摆设要求也会各有差异。因此，在设计时，应了解喜好与需求，并让孩子共同参加设计、布置自己的房间，同时要根据不同孩子的性格特征加以引导。

B.儿童教室的室内设计

教室的室内空间在少年儿童心中是学习生活的一种有形象征，设计要体现活泼轻快但又不轻浮，端庄稳重却又不呆板，丰富多变而又不杂乱的整体效果。这一阶段的儿童思维发展迅速，因此教室不仅要有各种空间供儿童游戏，更要有一个庄重宁静的空间让儿童安静地思考、探索，发展他们的思维。

（3）儿童室内的细部设计

①门

门的构造应安全并方便开启，设计时要做一些防止夹手的处理。为了便于儿童观察门外的情况、可以在门上设置钢化玻璃的观察窗口，其设置的高度、考虑到儿童与成人共同使用需要，以距离地面 750 毫米，高度为 1000 毫米为宜。此外，我们通常把门把手安装在 900~1000 毫米的范围内，以保证儿童和成人都能使用方便。

由于儿童活泼好动，动作幅度较大，尤其是在游戏中更容易忽略身边存在的危险，常常会发生摔倒、碰撞在玻璃门上的事故并带来伤害，所以在儿童的生活空间里、应尽量避免使用大面积的易碎玻璃门。

②阳台与窗

由于儿童的身体重心偏高，很容易从窗台、阳台上翻身掉下去，所以在儿童居室的选择上，应选择不带阳台的居室，或在阳台上设置高度不小于 1200 毫米的栏杆，同时栏杆还应做成儿童不易攀爬的形式。窗的设置首先应满足室内有充足的采光、通风要求。同时、为保证儿童视线不被遮挡，避免产生封闭感，窗台距地面高度不宜大于 700 毫米。高层住宅在窗户上加设高度在 600 毫米以上的栅栏，以防止儿童在玩耍时，把窗帘后面当成躲藏的场所，不慎从窗户跌落。窗下不宜放置家具，卫生间里的浴缸也不要靠窗设置，以免儿童攀缘而发生危险。公共建筑内儿童专用空间的窗户 1200 毫米以下宜设固定窗，避免打开时碰伤儿童。

窗帘最好采用儿童够不到的短绳拉帘、长度超过 300 毫米的细绳或延长线、必须卷起绑高，以免婴幼儿不小心绊倒或当作玩具拿来缠绕自己脖子导致窒息。

A. 书桌和椅子。对幼儿来说,家具要轻巧,便于他们搬动,尤其是椅子。为适应幼儿的体力,椅子的质量应小于幼儿体重的 1/10,为 1.5~2 千克。

儿童桌椅的设计以简单为好,高度与大小应根据儿童的人体尺度、使用特点及不同年龄儿童的正确坐姿等确定所需尺寸。除了根据实际的使用情况量身定制外,使用高度可调节的桌椅也是一个经济实用有利于儿童健康的选择,同时还可以配合儿童急速变化的高度,延长家具的使用时间和节约费用。

B. 储物柜。储物柜的高度应适合孩子身高。沉重的大抽屉不适合孩子使用,最好选用轻巧便捷的浅抽屉柜。

③软装饰的处理

通过变换居室内织物与装饰品的方法,可以使儿童居室和家具变得历久常新,织物的色泽要鲜明、亮丽,装饰图案应以儿童喜爱的动物图案、卡通形象、动感曲线图案等为主,以适应儿童活泼的天性,创造具有儿童特色的个性空间。形形色色的鲜艳色彩和生动活泼的布艺,会使儿童居室充满特色。儿童使用的床单、被褥以天然材料棉织品、毛织品为宜,这类织物对儿童的健康较为有益,而化纤产品,尤其是毛多、易掉毛的产品,会使儿童因吸入较多的化纤、细毛而导致咳嗽或过敏性鼻炎。

二、环境心理学与室内环境设计

(一)环境心理学的定义

环境心理学是研究环境与人的行为之间相互关系的学科,它着重从心理学和行为的角度,探讨人与环境的最优化关系。

环境心理学是一门新兴的综合性学科,于 20 世纪 60 年代末在北美兴起,此后先在英语语言区发展,继而在全欧洲和世界其他地区迅速传播和发展。环境心理学的内容涉及医学、心理学、社会学、人类学、生态学、环境保护学及城市规划学、建筑学、室内环境学等诸多学科。

就室内环境设计而言,在考虑如何组织空间,设计好界面、色彩和光照、处理好室内环境各要素的时候，就必须注意使设计出的室内环境符合人们的行为特点，能够与人们的心愿相符合。

（二）室内环境中人的心理与行为

1. 个人空间、领域性与人际距离

（1）个人空间

在公共场所中，一般人不愿意夹坐在两个陌生人中间，公园长椅上坐着的两个陌生人之间会自然地保持一定的距离，心理学家针对这一类现象，提出了"个人空间"的概念。一般认为个人空间像一个围绕着人体看不见的气泡，这一气泡会随着人体的移动而移动，依据个人所意识到的不同情境而胀缩，是个人心理上所需要的最小的空间范围，他人对这一空间的侵犯与干扰会引起个人的焦虑与不安。

（2）领域性

对人来说，领域性是个人或群体为满足某种需要，拥有或占用一个场所或一个区域，对其加以人格化和防卫的行为模式。人在室内环境中进行各种活动时总是力求其活动不被外界干扰或妨碍。不同的活动有必需的生理和心理范围与领域，人们不希望轻易地被外来的人与物（指非本人意愿、非从事活动必须参与的人与物）所打破。

（3）人际距离

室内环境中的个人空间常常需要与人际交流、接触时所需的距离一起进行通盘考虑。人际接触根据不同的接触对象和不同的场合，在距离上各有差异。人类学家霍尔（E.Hall）以对动物的环境和行为的研究经验为基础，提出了"人际距离"的概念，并根据人际关系的密切程度、行为特征来确定人际距离的不同层次，将其分为密切距离、个人距离、社会距离和公众距离四大类。每类距离中，根据不同的行为性质再分为近区与远区。例如，在密切距离（0~450毫米）中，亲密、对方有嗅觉和辐射热感觉的距离为近区（0~150毫米）；可与对方接触握手的距离为远区（150~450毫米）。如表1-3-3所示，为人际距离和行为特征。由于受到不同民族、宗教信仰、性别、职业和文化程度等因素的影响，人际距离的表现也会有些差异。

表1-3-3　人际距离和行为特征

人际距离（毫米）	行为特征
密切距离（0~450）	近区0—150，亲密、嗅觉、辐射热有感觉； 远区150—450，可与对方接触握手
个体距离（450~1200）	近区450—750，促膝交谈，仍可与对方接触； 远区750—1200，清楚地看到细微表情的交谈
社会距离（1200~3600）	近区1200—2100，社会交往，同事相处； 远区2100—3600，交往不密切的社会距离
公众距离（>3600）	近区3600—7500，自然语音的讲课，小型报告会； 远区>7500，借助姿势和扩音器的讲演

2. 私密性与尽端趋向

如果说领域性主要讨论的是有关空间范围的问题，那么私密性更多涉及的是在相应的空间范围，人的视线、声音等方面的隔绝要求。私密性在居住类的室内空间中要求尤为突出。

日常生活中人们会非常明显地观察到，集体宿舍里先进入宿舍的人，如果允许自己挑选床位的话，那么他们总是愿意挑选在房间尽端的床铺，而不愿意选择离门近的床铺，这可能是出于生活、就寝时能相对较少地受到干扰的考虑。同样的情况也可见于餐厅中就餐者对餐桌座位的挑选。

相对来说，人们最不愿意选择近门处及人流频繁通过处的座位。餐厅中靠墙卡座的设置，由于在室内空间中形成受干扰较少的"尽端"，更符合客人就餐时"尽端趋向"的心理要求，所以很受客人欢迎。

3. 依托的安全感

在室内空间中活动的人们，从心理感受上来说，并不是空间越开阔、越宽广越好，人们通常在大型室内空间中更愿意靠近能让人感觉有所"依托"的物体。在火车站和地铁车站的候车厅或站台上，如果仔细观察会发现，在没有休息座位的情况下，人们并不是停留在最容易上车的地方，而是更愿意待在人群相对散落地汇集在候车厅内、站台上的柱子附近，适当地与人流通道保持距离。在柱子边人们感到有了"依托"，更具安全感。

4. 从众与趋光心理

在紧急情况时，人们往往会盲目跟着人群中领头的几个急速跑动的人，而不管去向是不是安全疏散口。当火警发生，烟雾开始弥漫时，人们无心注视标识及文字的内容，往往是自觉地跟着领头的几个人跑动，以致形成整个人群的流向，上述情况即属于从众心理。另外，人们在室内空间中流动时，有从暗处往较明亮处流动的趋向。在紧急情况时，语音的提示引导会优于文字的引导。这些心理和行为现象提示设计者在创造公共场所室内环境时，首先要注意空间与照明等的导向，标识与文字的引导固然很重要，但从发生紧急情况时人的心理与行为来看，对空间、照明、音响等更需要高度重视。

5. 好奇心理与室内环境设计

（1）不规则性

不规则性主要是指空间布局的不规则。规则的布局使人一目了然，很容易就能了解它的全局情况，也就难以激起人们的好奇心。于是，设计师就试图用不规则的布局来激发人们的好奇心。一般用对结构没有影响的物体（如柜台、绿化、家具、织物等）来进行不规则的布置，以打破结构的规则布局，营造活泼氛围。

（2）重复性

重复性并不仅指建筑材料或装饰材料数目的增多，也指事物本身重复出现的次数。当事物的数目不多或出现的次数不多时，往往不会引起人们的注意，容易一晃而过，只有事物反复出现不规则的空间布局，才容易被人注意和引起好奇，常利用大量相同的构件（如柜台、货架、桌椅、照明灯具、地面铺地等）来加强吸引力。

（3）多样性

多样性是指形状或形体的多样性，另外也指处理方式的多种多样。加拿大多伦多伊顿购物中心室内中庭的设计就很好地体现了多样性。透明的垂直升降梯和错位分布的多部自动扶梯，被布置在巨大的椭圆形玻璃天棚下，椭圆形回廊内分布着诸多立面各异的商店，加上多种形式色彩的灯光照明，构成了丰富多彩、多种多样的室内形象，充分调动了人们的好奇心，从而引起人们浓厚的观光兴趣。这些细部手法丰富和完善了室内形象，在考虑人们购物的同时，也考虑了人在其中的休息交往。

6. 空间形状给人的心理感受

室内空间的形状多种多样，其形状特征常会使活动于其中的人们产生不同的心理感受。如表 1-3-4 所示不同的空间几何形状，通过视觉常常会给人们心理上带来不同的感受，设计时可以根据特定的要求加以选择运用。

表 1-3-4 室内空间形状的心理感受

室内空间形状	正向空间				斜向空间		曲面及自由空间	
心理感受	稳定、规整	稳定、有方向	高耸、神秘	低矮、亲切	超稳定、庄重	动态、变化	和谐、完整	活泼、自由
	略呆板	略呆板	不亲切	压抑感	拘谨	不规整	无方向感	不完整

（三）环境心理学在室内环境设计中的运用

1. 室内环境设计应符合人们的行为模式和心理特征

不同类型的室内环境设计应该针对人们在环境中的行为活动特点和心理需求，进行合理的构思，以适合人的行为和心理需求。例如，现代大型商场的室内设计，考虑到顾客的消费行为已从单一的购物，发展为购物—游览—休闲（包括饮食）—娱乐—信息（获得商品的新信息）—服务（问询、兑币、送货、邮寄）等综合行为。人们在购物时要求尽可能接近商品，亲手挑选比较。因此，自选及开架布局的商场应运而生，而且还结合了咖啡吧、快餐厅、游戏厅甚至电影院等各种各样的功能。

2. 环境认知模式和心理行为模式对组织室内空间的提示

人们依靠感觉器官从环境中接受初始刺激，再由大脑做出行为反应的判断、并且对环境做出评价。因此，人们对环境的认知是由感觉器官和大脑一起完成的。对人们认知环境模式的了解，结合对前文所述心理行为模式表现的理解，能够使设计师在组织空间、确定其尺度范围和形状、选择其光照和色彩的时候，拥有比单纯地以使用功能、人体尺度等为起始的设计依据更为深刻的提示。

3. 室内环境设计应考虑使用者的个性与环境的相互关系

环境心理学既从总体上肯定人们对外界环境的认知有相同或类似的反应，又十分重视作为环境使用者的人对环境设计提出的特殊要求，提倡充分理解使用者的行为、个性。一方面，在塑造具体环境时，应对此予以充分尊重；另一方面，也要注意环境对人的行为引导、个性的影响，甚至一定程度上的制约，在设计中根据实际需要掌握合理的分寸。

三、建筑设备与室内环境设计

（一）室内给水排水系统

给水是将给水管网或自备水源的水引入室内，经配水管送至生活、生产和消费用水设备，并满足水压、水质和水量的要求。排水是将建筑内部人们生活用过的水和工业生产中用过的水收集起来排到室外。

1. 给水系统

输水管道不得腐蚀、生锈、漏水或是影响到水的品质，在输水过程中也不能发出噪声或降低压强。热水管长度尽可能缩短以便降低能耗，如果过长则必须进行隔热处理。管道尽可能集中安装，也就是说，厨房、浴室、盥洗室的位置应该平面相连或上下垂直。

塑料给水管道在室内明装铺设时易受碰撞而损坏，也容易被人为割伤，因此提倡在室内暗装。给水管道因温度变化而引起的伸缩，必须予以补偿。金属管的线膨胀系数较小，在管道直线长度较小的情况下，伸缩量较小而不被重视。而塑料管的线膨胀系数是金属管的 7~10 倍，因此必须重视。

给水管道不论管材是金属管还是塑料管，均不得直接埋设在建筑结构层内。如一定要埋设时，则必须在管外设置套管。直埋铺设的管道，除管内壁要求具有优良的防腐性能外，其外壁应具有抗水泥腐蚀的能力，以确保管道使用的耐久性。

2. 排水系统

在建筑物内宜把生活污水（大、小便污水）与生活废水（洗涤废水）分成两个排水系统，以防止串味。

由于生活污水特别是大便器排水是瞬时洪峰流态，在几秒内将 9 升冲洗水量形成 1.5~2.0 升 / 秒的流量，所以容易在排水管道中造成较大的压力波动，并有可能在水封较为薄弱的环节造成破坏。污水处理系统依据重力原理，因此粪水管道必须粗一些，应绝对避免弯口角度过小，而且水平传输必须向下倾斜以防堵滞。入口垂直的管道要安装存水弯以防止污水及臭气渗入屋内。相对来说，洗涤废水是连续流，排水平稳。在重新安装或增添一些固定设施或电气设备时，如洗涤槽、抽水马桶、洗衣机以及洗碗机等，必须了解现有管道的走向、管道系统的功能等。

居住小区采用分流制排水系统，指把生活排水系统与雨水排水系统分成两个排水系统。建筑物雨水管道是按当地暴雨强度公式进行设计，而生活污水、废水管道则按卫生设备的排水流量进行设计。若在建筑物内将雨水与生活废水或生活污水合流，将会影响生活排水系统的正常运行。

（二）室内暖通空调系统

1. 暖通系统

（1）调风器

传递暖气炉散发的热气，能使房间的温度迅速升高，而且初装成本相对较低。经过净化和加湿处理的流动空气可以改善不通风的状况，调节空气湿度。调风器在不同的季节还可用来制冷，因此空气调节的成本进一步降低，调风器一般安装在天花板、墙壁或地面上，向室内散发热量并吸收房间的冷空气。调风器的安装位置可能会影响家具的布局和整面窗、墙的处理。

老式壁炉在室内供暖是效率最低的，90%的热量会从烟囱流失。在壁炉内安置烧柴（或烧炭）炉是有效提高效率的选择。壁炉附近必须使用耐火材料，因为壁炉四周的温度通常会非常高。壁炉及烧柴炉可装配导热管或输气管道，使热空气形成自然对流。

（2）护壁板散热器

促使热水、蒸汽或电阻圈产生的热量进行循环，通过自然导热以及辐射提供相对均匀的温度。护壁板散热器通常安装在窗户下面，在老式建筑中可以见到，具有隐蔽散热的功能。

（3）辐射板

辐射板是通过在暖气炉中加热的热水或蒸汽，或将电能转化成热能的电线，形成大面积的受热表层，通常安装在天花板上，有时也安装在地板或墙壁上。这些辐射板能保持居室所需舒适均匀的温暖，也不会有外露的设备破坏居室设计，但气温上升的过程比较缓慢，若被地毯或其他覆盖物、家具阻隔，阻碍了热能抵达人体、人就会感觉寒冷。辐射板的价格较昂贵，运行成本也很高，而且不具备空气流通、冷却、净化和加湿的功能等。

2. 空调系统

空调是一种用于给房间（或封闭空间、区域）提供处理空气的机组。它的功能是对该房间（或封闭空间、区域）内空气的温度、湿度、洁净度和空气流速等参数进行调节，以满足人体舒适的要求。

（1）降温

在空调器设计与制造中，一般允许将温度控制在 16~32℃之间。一方面若温度设定过低时，会增加不必要的电力消耗；另一方面若造成室内外温差偏大时，人们进出房间不能很快适应温度变化，容易患感冒。

（2）除湿

空调器在制冷过程中伴有除湿作用。人们感觉舒适的环境的相对湿度应在 40%~60%[①]，当相对湿度过大使温度在舒适范围内，人的感觉仍然不佳。

（3）升温

热泵型与电热型空调器都有升温功能。升温能力随室外环境温度下降逐步变小，若温度在 –5℃时，几乎不能满足供热要求。

---

① 倪欣. 西北地区绿色生态建筑关键技术及应用模式 [M]. 西安：西安交通大学出版社，2017：109.

第二章　室内环境的色彩设计

　　室内色彩——室内空间的色彩运用，可以认为它是符合空间构成的色彩心理审美的实际运用。本章讲述的是室内环境空间色彩艺术设计，主要从以下两部分内容展开论述，分别为色彩艺术与色彩心理学和室内环境空间色彩设计的原则与方法。

第一节　色彩艺术与色彩心理学

一、色彩艺术

（一）色彩服从功能需求

不同空间的使用功能是有差别的，设计色彩时，要根据其作用的不同，进行相应的调整。人们在室内工作和生活时，会因各种色彩因素产生特定的生理与心理活动，因而需要对室内色彩进行一定程度的调节。对不同的人来说，室内空间发挥的作用具备实效性特征。当所处时间较长时，这种实效性影响会更为明显，例如办公室环境的空间。因此，在进行空间设计时需要考虑如何利用空间内有限的资源来最大限度地去适应人的综合感受，从而实现空间与时间的统一。可在设计中恰当地配以明度不一、纯度各异的蓝色系，添加冷色系在一定程度上发挥降噪功能，从而帮助室内人集中注意力，提升工作效果。这是我们常在书房和工作间中常见到此类色系的原因。当色彩的纯度较高、较为鲜艳时，会使人感受到欢快、愉悦甚至是兴奋。在具体的设计与应用过程中，空间功能也是重要的考虑因素，以卧室为例，卧室中的对比色过强或者用过于鲜艳、过于跳跃、过于明亮的色彩装饰，会使将要入睡的人的困意降低，影响睡眠质量。

（二）色彩配置原则

在配置色彩时，要重点考虑空间构图，发挥室内色彩美化空间的功能，并将协调对比、背景和主体、变化和统一等方面的色彩配置因素加以妥善处理。"色彩的对比是指将两种或两种以上的色彩放在一起时，由于相互影响的作用而显示出差别的现象"。① 色彩的对比会产生差异感和变化感，能够丰富设计的内涵，让空间内的元素更加多元。

在配色美的形态中，好的色调能够让人更加愉悦，让整体更具舒适感、

① 宋荣欣，张建琦. 构成设计基础 [M]. 郑州：大象出版社，2012：64.

更加美观。

　　结合室内氛围和空间主色调。色彩的配置具备对比性特征和相关性特征，前者指两种以上不同颜色之间相互组合后产生新的对比关系；后者是指某种色彩在色调、浓度等方面发生变化而产生的单色调对比。色相环中相邻颜色能够形成近似色对比。当互补色与其他反差大的色彩进行对比时，整体效果会让人感觉十分地戏剧性。各居室所用颜色，能让人在视觉上对各个空间产生进行分隔。以满足使用功能为基础，在进行室内设计时，要综合考虑物体的色彩、形态、材质、光效，使之形成的整体足够和谐、足够统一，其各个组成元素都要以产生艺术效果为导向而发挥自身的长处，使得室内环境更为实用、更为舒适。

（三）色彩中的情感体验

　　对室内设计而言，色彩是非常关键的设计要素，与其他设计元素相比，它不仅易于呈现艺术效果，而且更加实惠，施工时更加便捷。在室内设计中合理运用色彩能营造一种轻松愉悦的氛围。比如要调节出一种空间氛围，以色彩为入手点，可以很容易地达到目标，甚至优化空间的功能。室内色彩的运用不仅要考虑到人们视觉感受的舒适度，还应该考虑到使用者心理上的需求以及精神上的满足等因素。在条件许可时，房间颜色可根据季节、情绪等因素进行合理选择。人们对空间与光的感受也会受到色彩的影响。可以通过运用色彩，对周围的环境进行巧妙优化，提升环境的整体活力，让平凡的居室拥有特性。暖色系是一种柔和的色调，使人感到温暖舒适。我们还可以通过对色彩进行调整，来调控居住者的心情，例如，当环境中的浅蓝、浅粉色系纯度较高时，比较适合儿童居住；当环境中的色系对比度过大时，会给人以时代的氛围和生活快节奏感；当环境的色系色彩较为稳定沉重时，比较适合老年人调节身心健康；当环境的色系采用橘黄色、暖绿色时，比较适合体质不高者，可以让他们收获更加愉悦的心情。此外，运动员的视觉范围里存在浅蓝、浅绿等颜色时，其兴奋感与疲劳感会有所缓解。色彩的感染力是很强的，我们没必要用美与丑的标准去衡量它，关键在于设计师的使用方法。在当今时代，人们对美的追求越来越高，而现代设计则需要更多的创新。如果想确保设计与搭配都让人眼前一亮，就要在设计色彩时，遵循更加前沿、更加时尚的设计理念。设计师应该将视觉与心理结合起来，以达到更好的效果。要将以人为中心的思想贯穿整个设计过程中，并厘清设计对应的服务对象。在现代社会中，人们对生活质量要求越来越高，而色彩是一种直接、具有亲和力的艺术语言。成功的色彩设计应该是具有生命力的，能够让观众因此改变情绪。设计师必须有强烈的情感意识，要用自己特有的语言传达出设计者所需要表达的感情，并让观众产生共鸣，同时也要不断更新自身的色彩知识结构，不断提升自身的审美素养与情感素养。

二、色彩心理学

（一）色彩心理学概述

首先，需要说明的是：发展心理学长期把色彩视作婴儿期获取知识的一项重要指标，伴随着一种带有浪漫主义和早期现代主义色彩的，像孩童般看待世界的梦想的出现，这项研究很快便进入了视觉美学的范畴。

浪漫主义兼理想主义教育家弗里德里希·福禄培尔（1782—1852）把他著名的"恩物"（gifts，即福禄培尔为儿童设计的教具——译注）引入婴幼儿教学中，所谓"恩物"就是一组形状抽象、色彩鲜艳的幼儿园玩具，其中的一些部件可以当作积木使用，而这一切都旨在鼓励创造力的发挥。"恩物"产生了很深远的影响。美国建筑师弗兰克·劳埃德·赖特（Frank Lloyd Wright，1869—1959）的现代主义建筑，建筑师本人就是在福禄培尔幼儿教育法中长大的，他宣称："幸运的是，当人类被简单的形状和纯正明亮的色彩所吸引时，准确的意义上来说，就会表现得像孩子一样。"赖特在自传中回忆道，福禄培尔积木的"柔和且明亮"的色彩和简单的形状，让他儿时的游戏里伴随着对15世纪佛罗伦萨画家弗拉·安吉利科（Fra Angelico）描绘的"身披鲜艳长袍的天使"的遐想，"一些天使穿着红色长袍，一些穿着蓝色的，还有一些天使的长袍是绿色的，不过唯一的一位天使，也是最可爱的那位，身着黄色长袍，会飞来并盘旋于桌子上方"。然而岁月使赖特的色感变得清醒理智，在他后期的建筑作品中，他运用了温暖、柔和、"乐观"的自然色彩，这些色彩正如他理论中所提倡的那样。

20 世纪后期，有关婴幼儿发展的研究证实了福禄培尔的观察，幼儿对于色彩的区分在时间上优先于对形状的区分，而且婴儿在能够使用语言命名色彩的数年以前，就能区分红色、蓝色、绿色和黄色。的确，儿童在命名色彩时会频频犯错，查尔斯·达尔文（Charles Darwin）曾错误地认为，他的一个 7 岁的孩子是色盲，因为他习惯性地说错色彩的名称。

弗兰茨·西塞克（1865—1946）是 20 世纪早期最有影响力的艺术教师和儿童艺术教育理论家之一，他曾于 1900 年左右在维也纳管理一所私立艺术学校，后来又任教于那里的工艺学校。西塞克笃信音乐与色彩的治疗价值，且认为"精心地绘画"能帮助患病的孩子，他的意思是运用最"纯"的原色。其中，红色是"世界上最美丽的色彩"。"冷的"且经混合的色彩是软弱的象征，软弱的几代人偏爱绿色、蓝色和淡紫色。20 世纪 30 年代，马克·罗斯科（Mark Rothko）在威廉·维奥拉的著作《儿童艺术与弗兰茨·西塞克》（1936 年）中发现了西塞克的观点，该著作认为，西塞克这位维也纳的教师"是第一位发现许多儿童喜欢以色彩起稿，而不事先进行任何勾绘的人"；罗斯科当时在笔记本里写道，按照传统，绘画要以某个学术概念作为出发点。我们可以从色彩入手。正如我们之后看到的，他遵循了自己提出的这个建议。

俄罗斯至上主义者卡西米尔·马列维奇（Kazimir Malevich，1878—1935）在 1917 年俄国革命后也积极致力于艺术教育改革，他借鉴现代心理学，引入了一些实验方法。他认为城市工作者服饰的色彩相对较深，色感较弱，度假时的装束除外。虽然这类节庆装束可以帮助城市规划者选择建筑外部的色彩，但是城市真正的活力在于工作，黑与白的比例"属于经济技术工业发展的最高点"。至少从意大利文艺复兴时期开始，黑色或深色的衣装就被视为恰当的商务装束。画家的自我表现中一定含有某种反讽，因为在那些年他深受苏联官方的烦扰，故而画中人物着装似乎是一种早期文艺复兴的节庆装束。

现代主义艺术中对明亮原色的偏好始于托儿所。荷兰风格派建筑师、设计师格里特·里特韦尔（1888—1964）的标志性作品红蓝椅的用色，就源自他设计的育儿家具；在德国现代主义设计学府魏玛包豪斯学院成立早期，正统的形状坐标（红色的正方形，蓝色的圆圈，黄色的三角形），在皮特·科勒尔（Peter Keler, 1898—1982）为他的老师——瑞士画家约翰内斯·伊顿师的儿子设计的摇篮中得到了体现。在早期的包豪斯学院，由于在第一次世界大战后的经济萧条时期缺少优质原材料，"家具工作室"频繁受雇生产色彩鲜明的儿童玩具。

在德国，实验心理学可以追溯到歌德1810年的著作《颜色论》中的收尾章节。这位诗人在"道德联想参考下的色彩影响"的部分中，针对色彩偏好以及其他事项，进行了推测。还就福禄培尔的教学可能受到儿童偏好的影响给出了看法：关于一种他称为"黄红色"的橙色，他提出，黄色才是其中"最有能量的"；不足为奇的是，鲁莽、健壮、没有受过教育的人会特别喜欢这种颜色。未开化的国家对这种色彩的偏爱倾向是众所周知的，当孩子们独自使用颜料绘画时，他们从不会剩下朱红色和朱砂色（红丹）。歌德对女性服饰中明显的色彩偏好也非常感兴趣。年轻的女性，在他看来，对玫瑰红、海绿色很着迷；但是年长的则对紫罗兰和深绿色感兴趣；金发女性偏爱紫罗兰，因为紫罗兰的对比色为淡黄色；深褐发色女性则偏爱蓝色，因为蓝色的对比色为橙色；她们都有充分的理由。

这类思想让一个被称作拿撒勒画派的德国年轻的复兴主义艺术家群体为之着迷，该群体19世纪早期活跃于罗马。在这个民族主义上升的时期，南北地区民族之间的心理差异成了一个重要的问题，其中，色彩运用上的差异，在一些人看来或许是显而易见的。在拿撒勒画派的领导人弗里德里希·奥弗贝克（Friedrich Overbeck, 1789—1869）看来，金发连同灰色和深红色的裙装表达了"女性的温柔和可爱"，散发着"真正的女人味"。然而，20年后，他为金发的日耳曼尼亚穿上了粉色、绿色、淡蓝色的衣服，并点缀以黄色。拥有褐色头发的意大利亚反而身着鲜艳的红色。一如既往，裙装服从于不停变换的时尚。

最有影响力的 19 世纪英国评论家约翰·拉斯金（John Ruskin，1819—1900）虽然接受色温的概念，但是他争辩说，通过改变背景，任何颜色都能变成暖色或冷色。据色彩相对论的主要的现代支持者约瑟夫·阿伯斯回忆，1920 年左右，当他还是一个待在弗朗茨·冯·斯图克（Franz von Stueck）位于慕尼黑的画室里的年轻画家的时候，有许多关于暖冷色的空间效应的"无果而终的争论"。康定斯基在他早期非具象风格时期对色温很有兴趣，而且把色彩关系完全建立在这类对比上。不过，正如他在《论艺术的精神》（1911 年）中所写的那样，在红色的环境中，"每一种颜色都能成为暖色或冷色"。

由于暖和冷本身是完全相对的概念，所以两者之间有着连续的衡量尺度。该尺度不像色谱那样每个梯度都代表着色相的变化，而类似黑与白之间的灰度，颜色特征不随梯度变化而变化。澳大利亚画家韦恩·罗伯茨在 1990 年探索了色度与灰度之间的关系，并得出了一个似是而非的结论，认为灰标的深色端对应着色谱上红色的，能量最小是"暖"的那一端；浅色端对应的却是能量最强但最"冷"的那一端。据罗伯茨所说，完成于 1995 年的《低潮，康卡勒》是"一种光的色彩调制的表现"，根据色彩的相对亮度，画面中亮区域被画成蓝紫色，而暗区域则画成了红黄色或绿色。正如罗伯茨所说，这不仅给画作增添了很强的活力，而且极具"光感"；这件作品有力地证明了这个鲜为人知的真理——"暖"色实际上是冷的，而"冷"色则是暖的。

现在，暖度和冷度的概念在很大程度上依旧是色彩情感的核心，这种色彩情感在色彩疗法中表现得最具体。人类对色彩的治疗作用的信仰有着悠久的历史；现代的从业者将其追溯到古代埃及、波斯、中国和印度，还追溯到中世纪时期欧洲运用珍贵宝石的实践活动。但是，正如我们可能会预料到的那样，正是以 19 世纪的心理学为主要背景，它得到了广泛的传播并引起了艺术家们的兴趣。这里，两极性和互补性的概念变得至关重要。歌德认为，人眼在受到来自一种颜色的强烈刺激后，会对该种颜色的互补色有所"需求"，而这种"需求"会延伸至整个人体组织，器官的失衡由相应的色彩加以识别，（举例来说，依照印度传统，肾脏被视作靛蓝色，易混淆的是，胃部被视作深蓝色；而在中国，肾脏为橙色，胃部为黄色），而治疗方式就是将该部位暴露在互补色光线中。

建立在心理学基础上的对色彩疗法的信仰几乎没有在主流心理学中幸存下来，但联想心理学则持久得多，并且进入商业生活的诸多领域之中。甚至在色光疗法运动的高峰期，即第一次世界大战时期，为英国医院弹震症病房供应涂料的涂料生产商，出于治疗目的，将涂料命名为"天空蓝""阳光黄"和"春天绿"。当然，联想是某些特定文化的功能，而作为早期现代主义明显特征色彩跨文化意义的理想，不再具有说服力了。冯·阿勒施（Von Allesch）在 20 世纪早期发现，他的许多研究对象对色彩的情感性反应并无一致的模式。在色彩组合、颜色不变的情况下，人的感官反应并不会永远不变。也就是说，同一种颜色，不会始终只对应某一种特定的情绪，或悲伤或愉悦。具体情况不同，同一种颜色也会让人产生不同的感受。

之所以色彩属于不稳定情绪的表达方式，是因为不同的人对色彩效应的理解往往是不同的、不稳定的。一种具有情感表现力的程式化的艺术直到 20 世纪的第一个十年才在德国出现。当然，这种艺术占了梵高以及和他同时代比他年轻一些的挪威画家爱德华·蒙克（1863—1944）的审美观的很大部分，两者都在巴黎接触到了新出现的受到心理学影响而变形的审美观。梵高凭借客观的互补色理论来清晰地表达他对色彩的感受。蒙克的用色则不那么系统化。他的朋友认为，他对色彩的运用超越了所有的抒情方式。他能够以色彩的方式将内心的感情表达出来，而不会片面地对待色彩。在他眼里，黄、蓝、紫不只是颜色，也代表悲伤、抑郁与衰落的感受。

（二）色彩心理学在室内空间中的应用

近现代的科学研究表明，色彩对人的心理可以产生明显的调节作用。例如，当人们看到红色时，大部分人的第一反应就是喜庆，因为红色大都出现在婚礼上，人会不自觉地被这种"喜庆"所暗示，这种微妙的暗示会让人产生愉悦的心情；而在看到大面积的黑色时，会产生"黑暗""压抑""葬礼"这样的暗示，不自觉地产生悲伤情绪。这些正是色彩心理学这一学科的由来。

由此可知，室内住宅中通过色彩营造出的空间环境，会对人的心理产生重要影响。因此，每一个进行室内住宅设计的人都要对色彩进行合理筹划和运用。

1. 室内色彩与心理

在艺术心理学家眼里，色彩是人类情感体验的直接体现，属于情感语言，可以将人类生命过程中的复杂感受反映出来。换言之，色彩不仅具有装饰作用，而且还能体现情感。梵高认为："没有不好的颜色，只有不好的搭配。"[①] 色彩不仅可以给人们以视觉和心灵上的刺激，而且能使人产生某种情绪和心理。在众多种设计里，市内住宅设计与人的联系最为紧密，它在某种程度上能够代表人的多情特性与敏感特性，而色彩是室内住宅设计的"灵魂"所在。

随着现代色彩学研究的不断深入，人们对色彩的理解、色彩作用的认识也愈加深刻，色彩在室内住宅设计发挥关键作用越来越成为一种共识。色彩作为室内设计的一个重要因素，不仅影响着室内空间气氛及室内环境质量，而且直接关系到使用者的情绪变化以及身心健康。经验丰富的设计师都非常关注色彩对室内住宅设计的影响，他们比常人更加重视色彩对人产生的物理作用、心理影响和生理影响；他们善于运用人对色彩产生的视觉反应，营造充满个性的、高水平的、高层次的环境，而且这些环境往往是比较有情调的。

---

① 李禹. 商业空间设计与实训 [M]. 沈阳：辽宁美术出版社，2017：61.

根据生理学的相关研究，房间采用的色彩，对人体的部分生理功能也会产生一定的影响。房间的颜色可以让人类的视力发生改变，其中青色、绿色对视力是最有好处的；房间的颜色可以让人类的食欲发生改变，其中黄色、橙黄色可以让人食欲增加；房间的颜色会左右人类的睡眠质量，其中紫色能够让人稳定心绪，快速入眠。客厅或书房多布置金色、棕色、紫绛色或天然木，会让身处其中的人更加舒适，如果在此基础上再加上一部分绿色，更容易让人们放松心情；卫生间采用浅红色、肉色，能够让人如厕时心情更加舒畅，但要注意，卫生间的地板不宜采用绿色。

在人类视网膜中，存在着很多可以支配人类视觉活动的锥状感光细胞，包括感红色素、感绿色素、感蓝色素，这与美术绘画中的三原色较为相似。感红色素对红光反应最为强烈，感绿色素则对应绿光，感蓝色素对蓝光敏感程度最高，而剩余色彩的光，都是通过以上三种细胞以不同占比进行分解后，再被人的大脑接收的。几乎世界各国心理学家，美术家们都有这样一个共识：对人的心理状态而言，颜色可以发挥丰富奇特的作用，它可以对人类的生活趋向起到一定的引导作用。

色彩对人的感知、情绪、心情等方面进行支配是轻而易举的。色彩作为一种视觉语言，对人的生理、心理都能产生重要影响。色彩通过光照表现出来，没有光，人们就无法辨别颜色，光塑造了大千世界的五彩缤纷，成就了人类生活的多姿多彩。作为一种视觉刺激，色彩可以使人产生情绪上的共鸣，从而使人愉悦、愉快地工作或学习。色彩能够以一定的节奏进行强弱上的改变，这种改变也会影响情调，这既是自然界的规律，也在人类的日常生活中有所体现。因此，色彩艺术所富有的健康作用不可被我们忽略。

人们在看到特定的色彩时，往往会联想生活、产生一定的情感。海洋与冰雪让人感到寒意；阳光与火焰让人感到温暖；紫红色能使人振作，并集中注意力；蓝色能让人感受到广阔、大方，以城市、信用等熏陶人们的心灵；代表大自然的绿色，能够反映出青春、祥和，给人以活力感；黄色饱含智慧和旺盛的生命力，朝气意味较浓；白色对应纯真；红色能够产生热情，甚至是冲动的情感效应，适合用来鼓舞士气。

2. 室内色彩的具体选择

（1）以户主职业特点为依据进行选择

当各种色彩走进人们的视野时，会对大脑皮层的多个区域产生刺激作用，让人对冷暖、深浅、明暗产生切身感受，从而引发亢奋紧张或放松安静的情绪。在工作和学习过程中，人对自己所处的环境具备的色彩有着特殊的感受能力。人们处在某种特定的心理状态时，会产生与之相适应的情绪反应，从而提高整体工作效率。在室内住宅设计这一大学科门类里，色彩心理学就是运用这种情绪效应来充当人们情绪世界的"兴奋灶"，可以帮助人们降低职业性疲劳，直到其消失。举例来说，户主的工作需要长时间用眼，或需长期受室外强光照射，其住宅最宜选择绿色或蓝色作为装饰色彩，这样可以让户主更为便捷地将视觉神经中的"热"转变为视野中的"冷"；若户主在商场这种颜色较为密集、种类较为丰富的地方办公，则其住宅的主色调最好选用中性白色，这样做的目的是帮助户主从工作的复杂里脱离出来，快速"冷化"心情。

（2）以房屋面积和家具状况为依据进行选择

如果住宅是小型结构，那么适合采用单色，色彩要像浅黄色、奶黄色一样足够明亮，因为这种色彩可以让住宅在视觉上显得更加开阔。同时，以住宅色彩来衬托家具，能让住宅整体更为大方、高雅。

（3）以住宅周围环境为依据进行选择

当住宅的砖墙或涂料墙采用红色时，它们可以反射光线，这样一来，住宅色彩就不适合采用蓝色或绿色，奶黄色较为合适；当住宅窗外存在很多树木或者大片绿地时，住宅墙面适合采用米黄色或黄色的色彩。

住宅内多以乳白色、象牙色或白色为主要装饰色彩，因为这三类色彩最符合人类视觉神经的特点。由于太阳光属于白色系列，白色有光明之意，可以体现希望，可以让人感觉到宁静、放松身心。人类的心与眼可以用浅色调进行调整，而家里色彩以白色系列为主时，适当配置家具是不错的选择。

　　另外，进行住宅设计时，需要明白木材原色也属于最佳色调，可以优先进行选用。人们视觉内出现木材原色物时，往往易于产生灵感、集中智慧，这就是很多人在书房采用这种颜色的原因。当然，进行色彩规划时，要以各种色调均衡恰当为原则。

第二节 室内环境色彩设计的原则与方法

一、室内环境空间色彩搭配的原则

（一）整体统一的规律

对室内设计而言，颜色的和谐性，犹如音乐的韵律与和声。室内色彩的合理运用能够使人们感受到舒适而温馨的环境。各种颜色是相互影响的，构成和谐、对比等根本联系，如何恰到好处地处理好这种联系，营造室内空间氛围的难点。色彩的和谐，是指色相、明度、纯度等色彩三要素之间互相接近，从而营造出一种统一感，切忌太过平淡、太过呆板、太过单调。所以说，色彩和谐的具体表现应该是冷暖、明暗、纯度等方面对比的和谐与互相衬托。

色彩的对比指的是色彩明度和彩度之间的远近疏离。在室内装饰中运用的色彩对比过多，会让人感到眼花缭乱、心神不宁，甚至会产生强烈的刺激感。即色彩的对比处理不好，会影响整个室内空间氛围和格调，使人感到不舒服甚至产生负面心理。所以，把握配色原则、掌握协调和对比之间的关系，对室内的装饰十分重要。不同颜色的搭配可以产生出丰富多彩的视觉效果，丰富的色彩可以为室内设计营造合适的气氛，而和谐是调节、改善和强化这一氛围的根本途径。通过对和谐对比之间的联系进行仔细分析，我们可以让室内色彩更具意境美。

（二）人对色彩的感情规律

各种颜色都能让人们在心理上产生特定情感。因此，在对居室和饰物的色彩进行选用时，应充分顾及人的感情色彩，色彩对情感影响是很大的。例如，黑色通常只是作为点缀色来使用，若室内大范围使用黑色，从人的感情角度看，这是很难被接受的，大多数人也不愿在这种环境中生活或居住。而对老年人来说，采用的色系要具备稳定感，这能够帮助老年人维持健康的身心状态；对青年群体来说，采用的色系一般要具备较大对比度，因为对比度大的色系，能够让青年人保持生活的快节奏；对孩童来说，纯度较高的浅粉色系或浅蓝色系是比较合适的；浅蓝、浅绿等色彩可以帮助运动员缓解疲劳；对军人来说，他们适合通过鲜艳色彩对军营的气氛进行装点和调整；而橘黄色、暖绿色等色彩，能够让体弱多病者维持愉悦的心态。

（三）满足室内空间的功能需求

空间不同，使用功能也存在差异。在设计色彩时，要以不同的功能为依据，做出相应的改变。色彩是室内设计中一个重要因素，它在很大程度上影响着人们对室内的整体感受和心理情绪。室内空间可运用颜色的明暗度营造氛围。运用高明度色彩，能够让室内空间气氛变得光彩照人；当室内色彩的明度足够低、灯光足够暗时，会给人们更为隐私、更为温暖的感觉。在人们的生活中，室内空间是具备十分明显的长久性特征，办公室、居室和其他类似的空间中的颜色，会影响人们的生活。采用纯度不高的各种灰色，能够营造出柔和、安静、舒适的空间氛围；采用纯度较高的亮丽颜色，能够让空间气氛更加欢愉、活泼。

（四）力求符合空间构图需要

室内色彩配置一定要与空间构图相匹配，要将室内色彩对空间的美化功能发挥出来，正确处理好协调与比较、统一和变化、主体和背景等方面的多种联系，要做到"以色取胜"，从整体出发，把握室内空间色彩布局规律。室内的色彩设计的首要任务是确定空间色彩主色调。要根据人的视觉特性来确定室内色彩主基调，使之产生一种温馨、舒适的氛围，从而提高人们的生活质量。颜色的主色调具备主导室内气氛、陪衬室内气氛、烘托室内气氛等作用。当然，不同的建筑类型，室内色彩主色调也是不一样的。在室内色彩的构成主色调里，明度、纯度、色度与对比度都是重要的构成要素。此外，要处理好色彩的统一变化，即以统一为基础寻求变化，这样可以提升室内的整体装点效果。以达到统一中富有变化的目的，面积较大的色块所采用的色彩不能太过鲜艳；色块面积较小时，颜色明度、纯度可以适当提升。进行室内色彩设计时，应注意与环境气氛相协调。另外，室内色彩的设计应足够稳定、富有韵律感、富有节奏。在确定室内色彩时，不仅要考虑人对所用色彩的视觉感受是否具有稳定性，其次还要考虑人们可能产生的心理活动。以实现空间色彩稳定为目标，在具体设计过程中可以构建上轻下重的色彩关系。由于不同房间所处位置及使用性质各不相同，室内空间的颜色也应该是多样化的。室内色彩跌宕起伏和多元化变化，要体现特定的节奏和韵律，讲究色彩具备一定的规律，不然会弄巧成拙、得不偿失。

二、室内环境色彩设计的具体手法

（一）色彩的协调

　　配色是室内色彩设计的基础问题，它能够决定室内色彩效果，色彩孤立的情况下，很难让人联想到美丑并进行区分。而人们对某种特定事物或某种心理状态的认识总是建立在一定的色彩基础上。不同色彩之间不存在高低之分，只存在色彩搭配得妥当与否，且色彩效果是由不同色彩间的互相搭配而呈现出来的结果，同一种颜色，在各种背景情况下，展现出来的色彩效果可能大为不同，这也能够证明色彩具备依存性特征与敏感性特征。所以，怎样处理色彩之间的协调配合，对配色而言极为重要。

　　在光谱中，根据波长进行排列的各种色彩，在纯色上是相互协调的。向纯色中添加等量的白或黑，所得颜色之间也存在协调关系，但黑或白的添加不等量时，最后的颜色就无法互相协调。如米色、红色或棕色之间就是不协调的，而海绿与黄色纯色则相反。在色环中占相对位置，构成一对互补色的色相之间比较和谐，最终的组合十分和谐，色彩的近似协调与对比协调在室内色彩设计中都是重要因素，而近似协调不仅可以给人统一和谐、心平气和之感，对比协调通过色彩的对立统一、矛盾而产生的和谐关系，能给人留下深刻的印象。其中的关键，是要针对色彩的统一规律与变化规律进行妥善处理与合理运用。总之，和谐即秩序，相邻各光色之间的区间相同，我们可以在色立体中发现协调色排列规律达 7 种之多。

（二）室内色调的分类与选择

1. 单色调

当室内色彩仅以一种色相为主调时，这种色调叫作单色调。它是室内色彩设计常见的表现手法，同时也是一种重要有效的方法。单色调可以让室内变得更加宁静、祥和，具备足够的空间感，还能被当作室内各种陈设的背景色。在运用单色调装饰室内环境时，可以通过改变明度和彩度的方法强化对比，并采用不同纹理、不同图案或不同外形的家具，让室内空间更加多元。此外，黑白无彩色可以作为单色调中的调剂，适当添加可以收获不俗的效果。

2. 相似色调

相似色调的实用难度最低，深受当下大众欢迎。相似色调所要求的只用两三种颜色在色环上比较接近，可以呈现出和谐、协调、安静、新鲜的艺术效果，并且这些色彩是比较丰富的，具体体现为明度、彩度等方面的多样。另外，如果我们将这一方案应用于其他领域或与其他配色方法相结合时，能使它更加完善起来，得到更完美的效果。一般情况下，在运用相似色调手法时，要与无彩体系相结合，从而达到使明度、彩度等方面的表现力得到强化的目的。

3. 互补色调

可以将互补色调称作对比色调，指的是在色环中利用处于相对位置的颜色，如青橙红绿黄紫等，将其中一种作为原色，其他作为二次色。对比色可以让房间变得更加鲜明形象，也可以更快地激发人们的兴趣。但是对比色使用一定要谨慎，在诸多颜色中，要始终保持一色为支配全部的统治色，并确保另一种颜色的原本吸引力保持不变。

4. 分离互补色调

当运用对比色中都与同一色彩相邻的两种色彩时，可构成三种色彩对比色调，进而塑造趣味性十足的不同组合，颜色互补（对比色），双方均存在自我表现出来的强烈倾向，但运用有失偏颇的情况下，其表现力会降低。分离互补的手法，如采用红、蓝绿与黄绿，可以让红的表现力得到提升；选用橙色，并以蓝紫色和蓝绿色作为分离互补色，可以让橙色的表现力得到提升。此外，改变三色的明度与彩度，也能获得不俗的效果。

5. 双重互补色调

双重互补色调具有两套对比色并用的特点，同时使用四种色彩，可能让狭小的房间看上去十分混乱。这时，可以借助一些手法，实现组合的多样化设置，当房间的面积足够大时，为了丰富其整体色彩，上述做法不失为一种好的处理方式。在具体运用双重互补色调的过程中，还要注意两种对比的主次关系，尤其针对小房间时，更应该重点考虑这一因素。

6. 三色对比色调

构成色环中三角形的三种色彩是三色对比色调的组成部分，例如黄色、青色、红色等，这种色调搭配对文娱而言比较适用。在室内装饰时，若采用白色作背景，能使人感到宁静舒适，有一种高雅之感；若把黄色变软为金色，用紫红色代替红色，用靛色代替蓝色，最终的搭配会给人在高雅的室内摆放色调比较贵重的东方地毯的感觉。

7. 无彩色调

以黑色、灰色、白色构成的无彩系色调，十分高级又富有吸引力。这种色调能够强化周边环境的表现力，而很多美丽风景区或繁华商业区在规划时，无论是高明建筑师还是室内设计师，都对过度装饰或者精心打造饰面的办法表示强烈反对，这是因为这种做法的结果是拉低整体景色效果。以贝聿铭设计的香山饭店和约瑟夫杜尔索设计的纽约市区公寓为例，室内色彩的成功也验证了这一点。就对内设计而言，米色、粉白色、灰白色及其他明度高的色彩，都可以被用作无彩色。当色彩系统全部由无彩色构成时，整体会给人宁静之感。但黑与白的对比过于强烈，所以在运用时要保证适度。

可以向某些黑白系统添加一些如绿色、黄色、青绿色或红色的高纯度色相，这与单色调在本质上有所区别。其中，占据支配地位的是无彩色，彩色只作点缀，我们可以称这种情况为无彩色和重点色组合色调。这种色调的特点是丰富又不失稳重，小面积能够发挥突出作用，我们可以在实际生活中的很多地方发现类似的设计。

总而言之，不管采用何种色调体系，无彩色的实际作用是不该被忽视的。例如，白色可以大面积使用，黑色被视作可以象征权力与力量。如很多服装的色彩，都是其余部分颜色与黑白色搭配而来，在端庄大方之余也能呈现出光彩照人的特点，既不会让着装者过于娇媚，又能让着装者十分高雅。

（三）室内色彩构图

1.室内色彩的分类

室内物件不同，其品种、质地、材料、外形以及层次感也不同，且十分复杂，居首位的是室内色彩的统一性特征。我们可以将室内色彩分为以下几种类型：

（1）背景色

在设计室内色彩时，首要考虑的就是背景色的选择。如天棚、地面、墙面等不同空间背景中，不同色彩占据的位置不同，相应的室内属性、心理知觉与感情反应也会存在很大差异。例如，完全适合地面的特殊色相，不一定适合天棚的装饰。所以在室内设计中，要根据实际情况合理地选择适当的色相来进行设计。

白色在以往被视为理想化的背景，但是人们往往会忽略在装饰项目中，白色能发挥的特质以及具体的环境背景，在白色与高彩度的装饰效果产生对比时，往往需要极度适应由亮到暗变化。另外，就颜色布置而言，低彩度的色彩和白色会给人乏味感，白色无论对老年人还是正在康复的患者来说，都会产生悲剧的感觉。所以，无论是生理上的原因还是心理上的原因，各种装饰都不常用白色或灰色作为支配环境其他色彩的颜色。

（2）装修色彩

通常情况下，需要色彩加以装修的包括门窗、博古架、通风口、壁柜、墙裙等，这些与背景色之间的关系都比较紧密。

（3）家具色彩

与装修色彩类似，包括橱柜、床、桌椅、沙发等家具，与背景色之间存在紧密联系。

（4）织物色彩

包括窗帘、床罩、帷幔、台布、沙发、地毯和其他蒙面织物。室内织物的材料、颜色、质感、图案等足够千姿百态，会与人的关系更为亲密，也可以在某种程度上决定室内的整体色彩效果，失去足够的重视，这些元素成为干扰因素的可能性也是十分大的。因此，在设计时必须考虑到这些影响因素，使符合人们的要求，达到预期效果。另外，织物还可被用作背景或重点装饰器物。

（5）陈设色彩

灯具、电冰箱、电视机、热水瓶、日常各种器皿、烟灰缸、画作雕塑、工艺品等体积小的物件，往往能够作为画龙点睛之物，其作用不容忽视。这些物件在具体的室内色彩设计中，常常扮演点缀色彩的角色。

（6）绿化色彩

各种花篮、各种盆景、各种插花、各种吊篮、各种植物等具备多元化的姿态与多种色彩，能够反应各种情调、各种意味，与其他色彩进行搭配时，可以让空间环境的整体意境更为丰富，能增添室内的生活气息，让空间肌体更为柔软。

以上文的分类方法为基础，我们可以将室内色彩大致概括为如下三部分内容：

①色彩面积大，能够衬托室内其他物件的背景色。

②以一定的背景色为衬托基础，在室内的各种家具中拥有统治地位的主体色。

③室内着重修饰或点缀的小面积但重点突出的强调色。

2. 室内色彩构图考虑的重点问题

（1）主调的选择

室内色彩包括主调与基调，主调可以将气氛、性格、冷暖烘托出来。对大型建筑来说，主调贯穿于建筑空间整体，并以此为基础，对局部进行重新考量，再决定各个部位做何种变化。选择主调是决定性环节，一定要保证所选主调适合需要反映的空间的主旨。室内设计师对环境的评价也要从颜色入手，如喜欢什么样的色，什么色调最符合要求，还要分析想通过颜色来表达什么样的感觉。色彩可以使人们联想到某种情绪或情感，从而引起一定的感情共鸣，也能起到暗示作用，使人产生某种心理活动。运用色彩语言进行表现是有难度的，这就要求室内设计师预先对各种色彩方案进行研究鉴别，最终选择出理想、实用性强的方案。当设计者们将主调作为五彩系时，决不能再醉心于琳琅满目、色彩斑斓的各种织物、各种用品或是各种家具上，要将黑色、白色、灰色等色彩融于一般情况下不常用这些色彩的器物上，只有这样，可能使成果器物具有与众不同的艺术魅力。设计者在创作思维上不能拘泥于世俗成见，要充分发挥想象力与创造力，这也是"创造"的真谛。

（2）大部位色彩的统一协调

在确定主调后，应该对色彩的旋色部位和比例进行思考。通常情况下，主色调的占比要大，次色调的占比要小。

上文对室内色彩进行划分，并不是设计室内色彩过程中对色彩关系进行思考的唯一根据。分类能使色彩关系简单化，但是它无法取代色彩构思的原因是在一定条件下，大面积的界面可以是室内色彩的关键表现对象，我们可从设计构思出发，运用不同层次的色彩，或者弱化层次变化，选择图底关系，强调视觉中心。

在协调大面积的色彩时，可以只强调一、两件摆设，即采用统一顶棚、统一地面或统一墙面的方式，通过墙面或家具将陈设突显出来。由于室内各物件都有各自的使用材料，将它们的颜色进行统一，会呈现出别样的效果，这在室内色彩构图上也可以算得上是少有的色彩丰富多变的优势。所以，不论色彩简化的程度如何，结果都不会过于单调。我们还可以通过限定材料的种类选择来实现色彩的统一。

（3）提升色彩的魅力

主题色、背景色与强调色并不是互相独立、一成不变的，若机械地去认识它们、去对待它们，会导致结果毫无新意可言。换句话说，既要保证图底关系、视觉中心与层次关系足够明确清晰，又要保证整体效果不过于呆板。那么，如何才能达到以上要求？我们可以采取下述方法：

第一种方法，重复色彩或呼应色彩。突出同一色彩的关键部位，并使不同色彩之间形成特定联系，最终构建成一个整体。

第二种方法，让布置连续变得有节奏。色彩的韵律是由固有属性与搭配手法决定的。当按照某种规律布置色彩时，整体环境可以指导视觉运动的方向。色彩韵律感强的部位往往是人的活动范围比较集中的地点，如室内的卧室里和办公室里等。色彩韵律感不一定要大范围使用，距离相近的物体也可是很好的运用目标，如墙上组画、椅子坐垫，瓶内花朵等。

第三种方法，用强对比。通过对比，可以强化色彩的表现。如果室内存在对比色，其余的颜色要退居次要位置，这样才能使人们的注意力被对比色所吸引。用强对比的方法，还可以使色彩更为鲜明。针对室内色彩的整体构图，在做样板试验或规划草图时，要反复观察对比，分辨要强化哪些颜色、要弱化哪些颜色，为最终的色彩构图效果提供保障。这就要求我们根据实际情况，选择最适当的增强或削弱色彩的手法。但无论使用哪种强化色彩手段，都要以室内足够统一和谐为最终目标，从而提升色彩的整体魅力。

室内的重点或趣味中心也是室内构图需要考虑的因素，具体可以是某一幅画、某套家具、某个床头靠垫或其他布置，它们可以提升室内整体的表现力水平。在对重点进行加强时，不能孤立任何一种色彩。

第三章　室内环境的装饰材料选择

本章讲述的是室内环境空间装饰材料设计，主要从以下三个部分进行展开论述，分别为室内环境空间结构基础、室内装饰材料基础和室内环境空间装饰材料应用。

第一节　室内环境空间结构基础

一、室内空间概述

从早时期的壁画中，我们可以看出，人类很早就开始重视自己的居住环境空间。人类的居住环境从过去的洞穴空间逐渐发展为现代较为完善的室内空间，是人类长期以来改造自然的结果，人们在改造自己周围环境的过程中，会使用自觉主动性，从而让环境符合自己的生活要求。

随着时代环境的演进，人类的生活方式、社会的条件都发生了深刻变化，室内空间的质量和形式也得到了快速发展。

界面的围合形成了室内的空间，如果将室内空间根据围合空间划分，可以将室内空间分为复合空间、虚拟空间、过渡空间、流动空间、开敞空间、半开敞空间、封闭空间等多种空间类型。

（一）封闭空间

封闭空间是室内上下范围和四周范围内严密围合形成的空间。在封闭空间的范围内，因为界面围合的程度较高，室内空间和外界能够形成一定的分隔，给居住者带来一定的心理安全感，不仅能够降低噪音的音量，使得他人不受干扰，居住者的室内活动也具有较高的自由度，私密性较好。

为了更好地保护居住者的私密性，封闭空间会更加闭塞，欠缺开放性，人们在心理上会感到非常沉闷。时间长了还会让人产生恐慌、寂寞、孤独的心情。在封闭的空间内，室内的空气缺乏流动性，室内的有害气体无法完全地排出，久而久之，会对人体造成一定的伤害。

在设计的过程中，为了保证封闭空间私密性强、无干扰、空间较为安全的优点，努力消除封闭空间的弱点。设计师可以选择一个合适的围合界面，扩大开门开窗的洞口实际面积，使得室外清新的气息能够进入室内，改善人们的感受和视觉，提升室内的空气质量，同时也达到了克服空间沉闷、闭塞缺点的目的。在一般情况下，人类居室、办公室都采用了这一类型的空间。

（二）开敞（开放）或半开敞（半开放）空间

在封闭空间的基础上，我们可以选择受环境干扰程度较少、通风环境较好、风景优良的方位，将这一方位的界面完全取消掉，使得室内空间在一定方位上完全开放，从而形成名称为开放（开敞）空间的室内空间。

开敞空间在环境景观的基础上形成了通风和采光的优势，使得室内和室外的空间可以融为一体，居住者在优美的居住环境中，就像处于大自然环境中一样，不仅具有遮风挡雨的基础优点，还能够在室内获得像在室外一样的舒适自然感受，实现人与自然和谐相处的目的，人的身心能够获得较好的享受。

上海豫园的园林类建筑一般能够给人带来美的享受。在我国传统的园林和庭院的建筑中，人类可以拥有美的享受，因此在我国的传统古诗词中，也出现了许多赞叹庭院风光的词语。人们能够从古诗词中感受到文人墨客在厅堂中的赞叹与感悟，他们在优美的景色中，陶醉在大自然中，能够获得身心放松的目的，从而提升内心丰富的情感和感受，从而创作出美好的诗词。

（三）流动空间

在空间较为封闭的室内环境中，具有较强的停滞性、静态性等特征。在墙面的限制下，即使空间内有门窗，室内空间也不会和室外的气息产生联系，而人的视觉会受到空间的阻碍，不会产生较强的流动性。但是当一个封闭空间的门窗或者墙体产生变化后，原本单一、闭塞的空间也会产生一定的变化，开放的空间也会更大，比如写字楼二层中的回廊空间、酒店大厅围出来的咖啡座空间、大型展厅中依次排列的展览区等，都属于流动空间的类型。

在流动空间中，空间能够从一个空间通往一个更为大型的空间，人的视线也就从一个较为独立的空间，毫无阻挡地流动到另外一个空间。由于人的视觉具有开放性、流动性等特点，所以，空间也具有开放性和流动性的特点。另外，空间的界限不明确或是模糊的，也属于流动性的空间。

流动性的空间强化了空间内部的视觉感官效果，将空间的形态变得更加多样化，同时满足了人际交流的需求。流动空间是许多现代化公共建筑空间经常使用的方法，比如现代展览空间、现代阅览空间、现代办公空间等。

半开敞空间、开敞空间，是流动空间的另一种具体形式。这种流动空间的方向，是从室内流向室外的环境。

在范围较大、功能比较复杂的室内空间，一般会使用流动空间的创作手法，从一个室内空间流动到另外一个室内的空间，或者从一个空间流动到其他空间中。人们在流动性的空间中会具有更为灵敏的感觉，人们的心情也会得到放松，不同空间之间的联系也会得到加强。但是，在流动性较强的空间中，人们的活动也会受到较大的干扰，功能性会比较复杂，人们在处理矛盾的过程中会存在较大的困难。

（四）过渡空间

1.使用功能的过渡

在平时出入住宅的时候，人们希望在门口放置一个能够起到迎来送往的缓冲地带，这个地带也可以放置某些物品；在观众进入剧场的座位前，需要有一个能够使观众流动、散开的前厅或者过道，这种过道还能够让观众的视觉延伸开来；在公司领导的办公室前应该安排一个秘书的办公区域或者是前台；就算是公共空间中，也需要在卫生间前方安排一个能够起到缓冲作用的前室。这些能够起到"缓冲"或者"适应"的区域就是具备功能性的过渡空间。

2.空间类型的过渡

在空间的过渡过程中，需要设计一个走道或者走廊，比如从酒店的大堂通往客房的路径，这样的转变是从开放式的空间过渡到较为封闭、小型的空间。

这种类型的走道或者走廊，就是两种不同类型之间的过渡性空间。另外，在空间序列的处理过程中，为了将较大的空间凸显出来，提升空间的感染力和影响力，可以在大空间的前端位置设计一个高度狭小、气氛平淡的过渡空间，这种过渡性的空间能够烘托出空间的主题。过渡性的空间属于"先抑后扬、欲散先聚"的一种艺术处理手法。

3. 由室外到室内的缓冲过渡

从室内到室外，或者是从室外到室内，人们的心理准备、温度体验、光感视觉都需要一定的缓冲机会。这种缓冲的适应过程，必须在一定的时间和空间范围内完成，这个过渡的空间有挑檐、门斗、门廊等多种类型。人们在进入办公区域前，会在过渡性空间中行走，完成这个心理的准备和身体的适应过程。

二、室内空间的分隔设计

开始室内装饰设计之前，需要做好空间的组合工作。不同的空间之间，不仅存在一定的联系关系，同时也具备一定的独立性，独立性主要通过分隔体现出来。使用什么样的分隔方式，不仅由空间的具体特点和功能决定，也要考虑到艺术的特征和心理的要素。从人的感受和物体自身变化的条件来看，在缺乏遮挡的室内，人们的视域都会受到序列空间标志的影响，序列空间标志是由材料、照明方式构成的。所以，一个房间的具体分隔是由多种因素构成的，并能够根据使用的功能作出多种方式的处理。

（一）按照分隔方式分类

1. 绝对分隔

绝对分隔一般是承重墙或者是到顶的轻质隔墙，这种分隔的方式空间比较封闭、限定程度比较高、界限比较明确。

绝对分隔具有私密性强、温度稳定、视线受到阻隔、隔音效果好的特点；缺点是空间比较封闭，和周围环境的交流较弱。

2. 局部分隔

局部的分隔比较片面，比如不到顶的隔墙、较高的家具、翼墙、屏风等，从而对空间进行局部的分隔。限定度的大小强度也有所不同，受到材质、形态、大小、高低的影响。

局部分隔虽然能够对空间产生一定的分隔效果，但是分隔的效果并不十分明显，被分隔空间的界限不够分明，甚至会产生流动的效果。

3. 象征性分隔

象征性分隔使用的材质是多种多样的，有低矮的墙面、家具、水体、色彩、音响等，另外还有玻璃、花格、构架等比较通透的隔断可以来分隔空间，这些都属于象征性分隔的范畴。这类分隔方式的限定度不高，空间的界面比较模糊，更倾向于心理效应，从而调动人们的联想，这种象征性体现在效果的若有若无方面，产生了似隔似断的效果，层次性也很强，流动性丰富，较为强调意境的效果。

4. 弹性分隔

我们在设计的过程中，可以使用直滑式、升降式、折叠式、拼装式的活动隔断或者是家具，也有帘幕、陈设等分隔性的空间，可以根据使用的具体要求开启或者关闭，空间也就产生了开启、变化的效果。这样的分隔方式也被称为弹性分隔、灵活空间，具有灵活性较强，操作方便的特点。

（二）按照分隔方向分类

1. 垂直型分隔空间

这种分隔的方式能够将室内的空间按照与地面垂直的方向进行分隔，并且分隔的方式十分多样：

（1）列柱、翼墙分隔空间

这一分隔的空间和建筑中的翼墙、柱子存在较大的差别，这一分隔空间设计的目的是满足空间的使用需求，并能够将空间划分为中间既有联系又存在区别的空间区域，创造出特殊的空间氛围，这一分隔的空间一般见于舞厅或者是酒吧中。

（2）装修分隔空间

一般是指活动折叠隔断、博古架隔断、屏风、落地罩等，还能够配合陈设分隔部分的空间。这一分隔空间具备多种形式，需要设计人员根据实际的情况进行灵活的处理，一般在门厅或者是餐厅中使用。

（3）建筑结构分隔空间

建筑中的拱、构架、柱子等天然具有建筑力学的特点和力学的美感，将这些结构用于空间的分隔是非常自然的，符合建筑设计的具体要求。

（4）软隔断分隔空间

一般会使用垂珠帘、帷幔等特殊制作的帘子对空间进行分隔。一般会用于起居室、工作室、读书等空间的划分。软隔断具有柔软、舒适的物理性质，能够给人们带来温暖、亲切的实际效果。

（5）建筑小品分隔空间

设计师可以利用好花架、水池、喷泉等建筑，划分室内的具体空间。这些建筑小品不仅具有保持空间的特征，还能够结合水景观和绿色架子活跃室内的氛围。这种小品不仅能够对人工环境进行设计，还能够给环境带来大自然的氛围，一般常用于门厅、起居室等面积较大的空间。

2. 水平型分隔空间

（1）挑台分隔空间

在具备一定高度的空间中，我们可以使用挑台将室内空间分为上下两个层次，从而提升空间的实际造型效果，将实际的空间范围扩大，这种分隔的空间一般会用于层高较高的大型公共室内空间中，尤其是公共建筑底层的门厅等。

（2）夹层分隔空间

这一分隔空间和挑台有异曲同工之妙，一般能够在图书馆建筑和营业厅的阅览室设计中见到。这种分隔空间的使用效率较高。

（3）看台分隔空间

看台分隔空间一般用于观演建筑中的大型空间，能够从观众厅的后墙面和侧墙中延伸出来，并将较高的空间分隔为具有楼座和看台的复合型空间。除了能够丰富室内的空间和效果之外，还能够提升空间的趣味性，妙趣横生。

（4）悬顶分隔空间

悬顶就是悬吊起来的顶棚，也是现代室内环境中关键内容之一。悬吊起来的部分面积不一、凹凸曲折，并呈现出多种形态，同时能够根据功能的具体需要进行处理。这种分隔空间存在的目的不是提升空间的利用效率，而是强调、突出某些特点的空间，从而让空间起到接待、会议、讲演的具体效果，提升空间的层次性，让空间变得更为丰富、充实。不管是公共性质的建筑还是私人的住宅区，为了提升环境的氛围和改造的效果，经常会在设计中使用这种分隔的方法。

三、室内空间的序列设计

建筑是一个具有三度空间的实体，人们不能够一眼就看到建筑的全貌，必须在运动的支撑下，从一个空间行进到另外一个空间，才能够了解每个具体空间的内容，从而对整个空间形成统一的印象。

空间序列，是指将空间中的不同形态和人们生活的具体要求结合在一起，在结合的过程中需要根据一定的空间顺序，从而形成一个变化较大、秩序较好的完整空间集群。

组织空间序列，是按照人流动线的顺序展开空间。在展开空间时，要关注空间序列的开始和结束，并关注过程中的变化，就像一首歌曲一样，要关注过程中的起起伏伏，引领学生心灵和精神上的变化，有时平静、有时兴奋，在协调统一的表象下，具有丰富的层次感，从而让人们达到情感和精神上的协调和共鸣。所以，在设计空间序列过程中，需要考虑人们的想法和精神世界，在空间序列设计的过程中，我们要遵循空间的艺术章法。

（一）室内空间序列的全过程

室内空间序列具有三个主要的阶段：一般情况下可以分为起始阶段、展开阶段、高潮阶段和结束阶段。

1. 起始阶段

空间序列的开始是起始阶段，意味着序幕将会逐渐拉开。起始阶段必须具备一定的吸引力，只有做好开头的工作，空间序列才能够成功，所以设计者需要处理好室内空间和室外空间的过渡性关系，这样才能够将人们的关注力吸引到室内的空间中。

2. 展开阶段

展开阶段的别名为"延续阶段"或"过渡阶段"，这一阶段能够起到承前启后的效果，不仅能够承接起始阶段，还能够为高潮阶段做好铺垫，在空间序列之中，能够起到较好的铺垫作用。展开阶段是序列中的核心环节。尤其是在长序列中，展开的阶段能够展示出许多微妙的变化。因为展开阶段和高潮阶段接近，所以能够对高潮阶段起到引领和准备的作用，从而吸引人们的注意力。展开阶段要具备循序渐进的效果，如果能够巧妙处理这一过程，那么主要空间也将会得到凸显，并增强空间序列的具体节奏感。

建筑的具体规模、环境、性质等都属于展开空间的空间布局，在设计的过程中可以采用自由式、规则式、对称式等多种方式和布局。序列的活动线路也是多种多样的，比如迂回型、折线型、直线型等。我国历代的宫殿一般会采用对称式和规则式的布局方式，活动路线是直线型，这样会给人带来肃穆和庄严的感觉。而在园林中，一般会采用不规则的自由式布局，活动线路也是呈现出交叉型、迂回型等方式，具有别样的趣味，氛围比较活泼。

在展开的阶段中，我们可能会采取再现空间或者是重复的方式，突出空间的韵律感，将重点衬托出来。因为存在重复的韵律具有一定的连续感，人在这样的空间中，会不由自主地期待高潮阶段，所以就为下一阶段做好了准备。

3. 高潮阶段

高潮阶段实际上是整个序列的重中之重，是序列的中心和重点，也是序列艺术的精华所在。我们可以这样说，其他阶段都是高潮阶段的铺垫，或者为高潮阶段服务。当人们处于高潮阶段时，人们内心的情感达到了巅峰，人们的期待也得到了满足，这个时候空间设计的艺术原则也得到了体现。所以，在设计高潮阶段，设计者要充分考虑人们内心情感的需要，满足大家的情感期待。

高潮阶段中有许多次高潮。在规模比较大、功能较多的空间序列中，设计者可以使用多高潮的设计方案。当然，多次高潮存在主要和次要的区别，有峰值较高的洪峰，也有起伏较小的波浪。在设计高潮的过程中，通常会将主体空间安排在较为明显的位置上，规模较小、高度较低的空间作为次要性质的烘托。

高潮阶段的出现也存在一定的规律，在一般情况下，是在空间序列的靠后位置，或者是整个序列的后部位置。当然，高潮阶段的位置也不能够一概而论。比如，在酒店的空间序列中，为了吸引旅客的注意，高潮阶段一般会在门厅入口或者是建筑中比较靠中心的位置——中庭。中庭一般用于人们的交通、服务、休息、社交，同时也能够体现出酒店的格调、标准、规模等因素，所以酒店设计者要将中庭这一位置突出来。广州白天鹅宾馆就将中庭进行了强调和突出，并以"故乡水"作为酒店的主题，并且使用桥廊、泉水、假山点缀，这样诗情画意的场景更加能够引起宾客的情感共鸣，不仅能够为他们提供优良的休息环境，还能够满足他们的情感需要。这种在离入口很近的位置布置高潮的方式，不能够给人们带来充分的思想准备，心理上的延续阶段也是不足的，也正是这出其不备的特点，给人们带来了惊喜感，这也是短序列的主要特点之一。

4. 结束阶段

在结束高潮阶段后，开始了结束阶段，结束阶段是一个收束感情的过程。从高潮阶段的情感中恢复过来，是结束阶段的主要任务之一。虽然结束阶段不是空间序列的主要内容，但是整个过程中不可缺少的一分子。良好的结束能带给人回味无穷的感觉，能够发散高潮阶段的思想和感情，从而加深对这个空间序列的感知。

从某种程度上讲，建筑艺术是一种协调空间作用的艺术。空间序列中的组织，能够影响到整个建筑的整体布局，所以不仅应保证建筑的功能关系是合理的，还要保证建筑能够符合人流活动的基本规律，从而运用好建筑空间序列的整体设计手法——引导与暗示、渗透与层次、衔接与过渡、重复与再现、对比与变化等。设计师的作用就是将规模较小、较为分散的空间组合在一起，使得空间集群是统一完整、有变化、有秩序的，从而完善空间序列，为空间序列增添变化的特征，从而营造出一个舒适、具有节奏的室内空间和环境。

（二）不同类型的建筑对室内空间序列的要求

1. 序列长短的选择

高潮的快慢和序列的长短存在一定的关系。因为出现高潮就意味着序列即将结束，所以，我们需要慎重对待高潮阶段，如果高潮阶段出现的比较晚，那么设计必须更具层次，人们在心理和情感层面也会受到时空效应的影响。所以，长序列的设计一般会用在高贵典雅、宏伟的场所中。

2. 序列布局类型的选择

使用怎样的序列布局，受到建筑地形环境、规模、性质的因素影响。一般来说，可以将序列布局分为四种类型，分别为对称式、不对称式、规则式、自由式。在空间序列线路的选择上面，可以分为立交式、盘旋式、迂回式、循环式、曲线式、直线式等。我国传统的宫廷寺庙一般可以划分为曲线式和规则式两种，但是园林别墅等建筑一般可以划分为迂回曲折和自由式两种，这能够很好地表达建筑的性质和特征。在现代社会中存在很多规模较大的集合式空间，也有很多丰富的空间层次性，并且经常使用立交和循环往复式的序列线路，能够帮助室内空间艺术景观实现方便功能联系、创造丰富层次的功能。

3. 高潮的选择

在一些建筑的环境空间中，能够找出具有一定代表性质的，能够反映建筑特征的，集中所有精华所在的主体性空间，我们经常将这一主体性空间作为高潮阶段的主要选择对象，使得这一空间成为整个建筑空间的中心和来访者最终的目的地。

在建筑性质和规模的影响下，高潮阶段出现的次数和位置也存在差别，功能性较强、综合性较好、规模较大的建筑，能够形成多个中心和多个高潮。即使是这样，也存在主要和次要的区别，整个序列就像高潮起起伏伏的波浪一样，中间可以找出最高的波峰。在一般的空间序列中，高潮的位置比较靠后。比如，我们刚才提到的故宫建筑群主体太和殿都是具有代表性的空间瞻仰厅，一般都布置在空间序列的中部偏后位置，著名的长陵布置则在序列的最后位置。

第二节　室内装饰材料基础

一、装饰材料的定义与分类

（一）装饰材料的定义

室内装饰材料是一种罩面材料，一般用于建筑物内部的地面、柱面、天棚、墙面等。室内装饰材料应该严格地称为室内建筑装饰材料。现代化的室内装饰材料，不仅能够对室内的艺术环境有所改善，还能够让人们得到美的享受，同时还具有隔音、吸收声音、防火防潮、绝热的功能，不仅能够起到保护建筑物主体的作用，延长建筑物的寿命，还能够满足建筑物设计的特殊要求。室内装饰材料是现代建筑装饰中不能够缺少的一种材料。

（二）装饰材料的基本分类

1. 按用途

（1）基材：基材一般用于结构或者是基层中，分别为装修工程的结构或者是饰面材料的基层。在大多数情况下，基材会被饰面材料所覆盖，人眼观察不到。

（2）面材（饰面材料）：在装修工程完工后，人眼依旧能够看到饰面材料，一般用于室内环境中的空间界面装饰。

2. 按物理形态

装饰材料的原本形态也能够帮助人们识别材料的类型、划分材料的种类，而且形态能够帮助人们在实践中划分并识别材料，也是一种很好归纳材料的具体方法，比如特殊型材、卷材、线材、管材、板材、石方料、木方料等。

3. 按使用部位

在实际的施工和设计过程中，人们还能够根据装修和施工的具体工程和材料的使用情况，对装饰材料的种类进行划分。我们在这里对常见的种类进行划分，分别为工艺装饰材料、卫生间洁具、室内墙面装饰材料、隔墙材料、台面装饰材料、地面铺装材料、天花吊顶材料等。

4. 按使用功能

设计师在设计与装修工程中需要将材料按照使用的功能进行分配，从而更好地进行设计与装修工作。比如粘接材料、绝缘安全材料、密封材料、吸音材料、防火材料、防水材料、保温隔热材料等。

5. 按施工工种

在实际的工程施工与管理过程中，我们可以按照材料的具体使用施工工种对材料进行分类，并把材料分为水暖材料、油工材料、瓦工材料、电工材料、木工材料等。

6. 按材料属性

使用最为广泛的方法是根据材质属性对装饰材料进行区分的方法，这种材料属性覆盖的种类是最为全面的，比如：五金类、油漆和涂料类、皮革和织物类、墙纸类、金属类、马赛克类、玻璃类、防火板类、水泥材料类、矿棉类、石膏类、陶瓷类、石材类、木材类等。

二、室内装饰材料的发展

（一）从天然材料向人造材料发展

自古以来，人们使用的装饰材料一般都是天然性的材料，比如动物的皮毛材料、木材、棉、麻、天然石材等，在科技不断发展的背景下，出现了各种新型的建筑装饰材料，并且以高分子材料为主要的原料，比如集成地板、发泡塑料地板、合成纤维地毯等，为人们提供了更多选择。

（二）从单一性功能材料向多功能材料发展

对装饰的材料来说，最为重要的是关注装饰效果。如今的新型装饰材料除了具备一定的装饰效果外，还具有其他多样的功能，在内墙的饰面材料中，具有防潮、保护墙体的作用。外墙装饰材料具有防水、隔声、隔热、保温等功能。

（三）从低档向高档发展

在人们生活水平不断提升的背景下，人们开始对空间环境有了更高的要求，装饰材料的层次和水平也得到了提升。从家居环境的角度来说，除了要满足人们日常生活的需要外，还需要具备一定的精神和功能作用。一些规模较大的空间，比如星级宾馆、大型商圈、高级文化娱乐场所等，还需要具有一定的高品位。

（四）绿色节能环保发展方向

在当今装饰业中，流行的主题是环保、节能、绿色。随着环保等理念的提出，人们开始倾向于使用无害、无毒的装饰材料，尤其是装修时的漆类装饰材料也具备了环保的特性，尤其是在装修过程中不可缺少的漆类装饰材料，比如不含芳香烃、甲醛的油漆涂料等。甲醛的气态中含有剧毒，释放期是比较长的，可以达到3~15年的时间，如果人经常吸入这一气体，会对人产生较大的危害，甚至会导致癌症的产生。经过科研人员的研究，很多种类的漆类家具中都含有一定的甲醛。在满足了人们的物质条件之后，人们会更为注意自然环境的发展状况、自己的身体健康，环保装饰材料的发展空间也是巨大的。另外，消费者也会更加青睐简易、节能、节材的装饰材料，这些材料也和绿色环保材料一样，正在进入装饰的发展潮流。

（五）智能化发展方向

材料和产品的加工和制造能够和高科技结合在一起，从而实现材料和产品的控制和调节，这种发展趋势已经成为装饰装修材料的新发展方向。虽然"智能家居"的概念早已出现，但是"智能家居"产品和材料的使用也是随着科技的发展而实现，正是因为科技的力量，才让一切创新都成为可能。"智能家居"涉及室内无线遥控、网络视频监控、电话远程控制、互联网远程控制、电器控制系统、家居安防系统、照明控制系统等，在这些技术的支持下，装饰材料能够和物联网结合在一起，人们能够实现自动化的家居生活方式。

三、室内装饰材料的基本特征

（一）装饰性质

1. 颜色

在材料选择吸收光谱后，出现了颜色。比如：红色和橙色带给人热情和温暖的感觉，蓝色和绿色让人感到舒服、清凉、寂静等。

2. 光泽

光泽是一种性质，是材料表面方向性发射光线产生的。如果材料表面比较光滑，那么光泽度也会更高；材料表面的明暗程度、视野范围、虚实对比效果会受到光泽度的具体影响。

3. 透明性

在光线透过材料后会产生一种透明性，设计者可以对透明度加以利用，从而调节光线的程度，形成特殊的光学效果，使得物象呈现出一种朦胧或者是清晰的感觉。

（二）表面组织

因为材料的加工方法、生产工艺、配合比、组成都存在差异，所以表面组织的特征也具有较大的差异：有坚硬或者疏松的，有凹凸或者平整的，有细致的或者是粗糙的。

人们在对装饰材料进行处理的过程中，需要利用一定的表面组织处理或者装饰好空间，从而达到较好的装饰艺术效果。

（三）形状和尺寸

装饰材料具有多种类型，包括卷材、板材、砖块等，这些材料的形状和尺寸都存在差异。卷材的尺寸和形状相对而言是比较灵活的，可以根据需要进行切割和裁剪，很多装饰板和砖块的形状和规格都是不同的，比如多角、正方、长方等，构成多种类型的图案和花纹的样式。

（四）平面花饰

平面花饰的种类也是非常丰富的，包括纹理（如木材）、天然花纹（如天然的石材）、人造的花纹图案（如地毯、彩釉砖、壁纸等）都需要一定的要求，从而达到一定的装饰目的。

（五）立体造型

装饰材料的立体造型包括了多种形式，比如雕塑、植绒、浮雕，如浮雕装饰板、压花（如塑料发泡壁纸）等，这些形式的装饰丰富了装饰的质感，提升了装饰的效果。

四、室内装饰材料的选用原则

（一）功能性原则

在挑选装饰材料时，我们首先应该考虑能够满足环境要求的使用功能。在装饰外墙的材料选择上，应该选择那些不泛霜、不易沾污、不易褪色、耐侵蚀的材料。在装饰外墙的选择上，应该选择那些不易玷污、耐水性较强、耐磨性较好的材料。在卫生间和厨房中，应该选择那些抗渗性、耐水性都较好的材料，便于擦洗，不易发霉。

（二）安全性原则

建筑环境的整体质量会对人的健康产生影响，在选择装饰材料时，要平衡材料的装饰效果和使用安全性之间的矛盾，在选择材料时，要首先考虑那些安全性较高、不易燃或者难燃、不挥发有害气体的材料。建筑空间环境不仅能够为人们提供活动的空间，合理性较强的建筑环境也可以更好地美化生活，提升居住者的身心健康水平，提升生活的品位。

（三）装饰性原则

装饰效果会受到多种因素的影响，比如花纹的图案、质感、形体、光泽、色彩等，尤其是装饰材料的色彩对装饰效果的影响是非常强烈的。所以，在挑选装饰材料的过程中，应该从整体的协调布局角度考虑，从而合理地使用色彩。比如，在客房、卧室等位置应该选择淡雅的颜色，比如浅蓝、淡绿等，提升空间的氛围感；在儿童房应该使用大面积的暖色调，比如粉红、橘黄、蛋黄、中黄等，能够符合儿童天真活泼的心理特征；在医院的病房中，应该使用淡黄、淡蓝、浅绿等颜色，让病人在心理层面感知到安全与平和，帮助病人快速恢复。

（四）耐久性原则

建筑的功能要求不同，装修材料的档次水平也是不同的，设计者对装饰材料的选择也是不同的。最近出现了许多新型的装饰材料，人们的物质精神活动要求也在逐步提升，不同时期的装饰材料流行趋势也是不同的。所以，有的建筑装修使用时间比较短暂，对材料的耐用年限要求并不高，但是有的建筑使用年限比较长，所以对材料的耐用年限提出了较高的要求。

第三节 室内环境装饰材料的应用

一、地面装饰材料的种类与应用

（一）天然石材

天然石材如花岗石、大理石普通板材、料石等是由石英、长石、云母等构成的。其强度高、硬度大、耐磨性好、耐酸性及耐久性很高，但不耐火，具有多种颜色，装饰性好。主要应用于商业建筑、纪念馆、博物馆、银行、宾馆等。

（二）人造石材

1. 水磨石板

由白色水泥、白色及彩色砂、耐碱矿物颜料、水等构成。其强度较高、耐磨性较好、耐久性高，颜色多样。主要应用于办公室、教室、实验室及室外地面等。

2. 水泥花砖

由白色水泥、耐碱矿物颜料构成。强度较高、耐磨性较好，具有多种颜色和图案。主要应用于各类建筑室内地面等。

（三）建筑陶瓷

1. 墙地砖

墙地砖多属于炻质材料，可上釉或不上釉。其孔隙率较低、强度较高、耐磨性好，釉面具有多种颜色、花纹与图案，吸水率为1%~10%，寒冷地区用于室外时吸水率需小于3%。主要应用于室内外的地面及楼梯踏板等。

2. 大型陶瓷饰面砖

大型陶瓷饰面砖多属于瓷质材料，可上釉或不上釉。其孔隙率低、吸水率较小，强度高、坚硬，耐磨性高，尺寸大，具有多种颜色与图案。主要应用于卫生间、客厅、化验室、候车室等。

3. 陶瓷锦砖（马赛克）

陶瓷锦砖多属于瓷质材料，可上釉或不上釉。其孔隙率低、吸水率小于 1%。强度高、坚硬，耐磨性高，具有多种颜色与图案。主要应用于卫生间、厨房、化验室等。

（四）木地板

1. 实木地板（条木、拼花）

木材是实木地板的主要材料，实木地板的弹性比较好，脚感较为舒适，保温程度好，拼花木地板的花纹图案是不同的。实木地板一般用于卧室、幼儿园、办公室中。

2. 实木复合地板

实木复合地板的原材料有两种及两种以上，不仅具有实木地板的优点，又能够降低具体的成本。实木复合地板的构成材料是丰富多样的，比如柞木、水曲柳、枫桦、柚木、榉木等；中层有多层面的胶合板或者是中密度板构成；底层为防潮平衡层，需要经过特制胶高温及高压处理等工序才能够形成。实木复合地板具有丰富的拼花和结构形式，最终呈现的装饰效果也是十分多样的。

（五）塑料地面材料

1. 塑料地板块、塑料地面卷材

这类地面材料由聚氯乙烯构成。图案丰富、颜色多样，耐磨，尺寸稳定，价格较低，卷材还具有易于铺贴、整体性好的特点。主要应用于人流不大的办公室、家庭场所等。

2. 仿天然人造尼龙草坪

仿天然人造尼龙草坪的草丝柔软，与天然草极为相似，站在上面犹如真草地一般。因其反射系数极低，所以不会造成眼睛的疲倦。无论风吹、日晒、雨淋，均不变脆收缩，密度高、弹性好、重压后回弹性佳、柔软耐磨。阳光直射下，能柔和建筑物的反射热，具耐暑抗热的效果，可吸热约 4℃。仿天然人造尼龙草坪具有多种规格，适用于曲棍球场、足球场、高尔夫球场、网球场、庭院、泳池边等各种场所。

二、墙面装饰材料的种类与应用

（一）天然石材

天然石材有大理石普通板材、异型板材等，由方解石、白云石等构成。其强度高、耐久性好，但硬度较小，耐磨性较差、耐酸性差，具有多种颜色、斑纹，装饰性好，一般均为镜面板材。室内多应用于墙面、墙裙、柱面、台面，也可用于人流较少的地面等。

（二）建筑陶瓷

1. 釉面内墙砖（釉面砖）

釉面内墙砖属于陶质材料，均上釉。其坯体孔隙率较高，吸水率为10%—22%，强度较低，易清洗，釉层具有多种颜色、花纹与图案。主要应用于卫生间、厨房、实验室等，也可用于台面。

2. 陶瓷壁画

由陶质或炫质坯体上釉或不上釉构成。表面具有各种图案，艺术性强。主要应用于会议厅、展览馆及其他公共场所，陶质或炫质均可用于室外。

3. 大型陶瓷饰面板

大型陶瓷饰面板多属于炫质材料，上釉或不上釉。孔隙率低、吸水率较小、强度高、坚硬、耐磨性高，尺寸大，具有多种颜色与图案。主要应用于大中型商业建筑、纪念馆、博物馆、银行、宾馆、办公楼、餐厅、客厅、卫生间等。

4. 墙地砖

墙地砖多属于炫质材料，多数上釉。其孔隙率较低，吸水率为1%~10%，强度较高、坚硬、耐磨性好，釉面具有多种颜色、花纹与图案。寒冷地区用于室外时吸水率需小于3%。主要应用于大中型商业建筑、纪念馆、博物馆、银行、宾馆、办公楼、餐厅、客厅、卫生间等。

5. 陶瓷锦砖（马赛克）

多属于瓷质材料，上釉或不上釉构成。其孔隙率低，吸水率小于1%，强度高、坚硬、耐磨性高，具有多种颜色与图案。主要应用于大中型商业建筑、纪念馆、博物馆、银行、宾馆、办公楼、餐厅、客厅、卫生间等。

（三）石膏板

1. 装饰石膏板（平板、孔板、浮雕板、防潮板）

装饰石膏板（平板、孔板、浮雕板、防潮板）由建筑石膏、玻璃纤维等构成。其轻质、保温隔热、防火性与吸音性好、抗折强度较高，图案花纹多样，质地细腻，颜色洁白。主要应用于礼堂、会议室、候机楼、影剧院、播音室等，防水型的可用于潮湿的环境中。

2. 纸面石膏板（普通板、耐火板、耐水板）

纸面石膏板（普通板、耐火板、耐水板）由建筑石膏、纸板等构成。其轻质、保温隔热、防火性与吸音性好、抗折强度较高、加工性能强、施工方法简便。主要应用于礼堂、会议室、候机楼、影剧院、播音室等，防水型的可用于潮湿的环境中。

3. 吸声用穿孔石膏板

吸声用穿孔石膏板由装饰石膏板、纸面板、矿物棉等构成。轻质、保温隔热、防火性与吸音性好，具有耐火、抗震、板面平整、不易变形等优点。主要应用于礼堂、会议室、候机楼、影剧院、播音室等，防水型的可用于潮湿的环境中。

（四）装饰砂浆

1. 水磨石板

水磨石板是由白色水泥、白色及彩色砂、耐碱矿物颜料、水等构成。强度较高、耐磨性较好、耐久性高，颜色多样，具有良好的物理性能和化学性能，且价格便宜。主要应用于普通办公楼、住宅楼、工厂等建筑的墙面、柱面、台面等。

2. 石碴类装饰砂浆

石碴类装饰砂浆是由白色水泥、白色及彩色砂、耐碱矿物颜料、水等组成。其强度较高，耐久性较好，颜色多样，质感较好，不褪色，耐污染。主要应用于普通办公楼、住宅楼、工业厂房等。

（五）玻璃

1. 磨砂玻璃（毛玻璃）

由普通玻璃表面磨毛而成，表面磨毛后，玻璃透光不透视，光线柔和。它主要应用于宾馆、酒吧、卫生间、客厅、办公室等的门窗、隔断。

2. 彩色玻璃

彩色玻璃由普通玻璃中加入着色金属氧化物而得，具有红、蓝、灰、茶色等多种颜色。分透明和不透明两种，不透明的又称饰面玻璃。它主要应用于宾馆、办公楼、商店及其他公用建筑。

3. 压花玻璃

压花玻璃是由带花纹的辊筒压在红热的玻璃上而成。表面压花，透光不透视，光线柔和。镀膜压花玻璃和彩色镀膜压花玻璃立体感强，并具有一定的热反射能力，灯光下更显华贵和富丽堂皇。

4. 夹丝玻璃（夹丝压花玻璃、夹丝磨光玻璃）

夹丝玻璃是将钢丝网压入软化后的红热玻璃中而成。其防火性好，破碎时不会四处飞溅伤人，但耐温度剧变性较差。它主要应用于防火门、楼梯间、电梯井、天窗等。

5. 玻璃砖（实心砖、空心砖）

玻璃空心砖由两块玻璃热熔接而成，在其内侧压有一定的花纹。玻璃空心砖的强度较高，绝热、隔音、光透射比较高。它主要应用于门厅、体育馆、图书馆、宾馆等非承重墙或隔断。

6. 光栅玻璃（激光玻璃）

玻璃经特殊处理后，背面出现全息或其他光栅而制得。在各种光线的照射下会出现艳丽的七色光，且随光线的入射角度和观察角度的不同会出现不同的色彩变化，华贵典雅、梦幻迷人。

7. 吸热玻璃

吸热玻璃是在普通玻璃原液中加入吸热和着色金属氧化物制得。能阻挡太阳辐射热量的15%~25%，光透射比为35%~55%，具有多种颜色。它主要应用于商品陈列窗、炎热地区的各种建筑等。

（六）建筑塑料

1. 塑料护面板

塑料护面板由改性硬质或软质聚氯乙烯构成。其外部美观、色泽鲜艳、经久不褪，并具有良好的耐水性、耐腐蚀性。它主要应用于各类建筑的墙面、柱面、天花板等。

2. 有机玻璃板

由聚甲基丙烯酸甲酯聚合而成的高分子构成。其光透射比极高、强度较高，耐热性、耐候性、耐腐蚀性较好，但表面硬度小，易擦毛。它主要应用于透明护栏、护板、装饰部件等。

3. 玻璃钢装饰板

由不饱和聚酯树脂、玻璃纤维等构成。其轻质，抗拉强度与抗冲击强度高，耐腐蚀，不透明，并具有多种颜色。它主要应用于隔墙板、装饰部件。

（七）壁纸与装饰织物

1. 塑料壁纸

塑料壁纸由聚氯乙烯、纸或玻璃纤维布等构成。美观、耐用，可达到仿丝绸、仿织锦缎等效果，发泡壁纸还具有较好的吸音性。它主要应用于各类公用与民用建筑。

2. 纸基织物壁纸

纸基织物壁纸由棉、麻、毛等天然纤维的织物黏合于基纸上。其花纹多样、色彩柔和、幽雅、吸音性好、耐日晒、无静电且具有透气性。它主要应用于计算机房、播音室及其他各类公用与民用建筑等。

3. 无纺贴墙布

无纺贴墙布由天然或人造纤维构成。其挺括、富有弹性，色彩艳丽，可擦洗，透气较好，粘贴方便。它主要应用于高级宾馆、住宅等。

4. 麻草壁纸

麻草壁纸由麻草编织物与纸基复合而成。其有吸音、阻燃的特点，且有古朴、粗犷的自然美。主要应用于宾馆、饭店、影剧院、酒吧、舞厅等。

（八）建筑涂料

1. 聚乙烯醇－水玻璃内墙涂料

由聚乙烯醇、水玻璃等构成。其无毒、无味，耐燃，价格低廉，但耐水擦洗性差。它广泛用于住宅、普通公用建筑等。

2. 聚醋酸乙烯乳液涂料

聚醋酸乙烯乳液涂料由醋酸乙烯、水等构成。其无毒、无火灾危险，涂膜细腻、色彩艳丽，装饰效果良好，价格适中，但耐水性较差。它主要应用于住宅、小公楼及其他普通建筑。

3. 醋酸乙烯－丙烯酸酯有光乳液涂料

由醋酸乙烯、丙烯酸酯类共聚乳液等构成。其耐水性、耐候性及耐碱性较好，具有光泽，属于中高档内墙涂料。它主要应用于住宅、办公室、会议室等。

4. 多彩涂料

多彩涂料由两种以上的合成树脂等构成。其色彩丰富，图案多样，生动活泼，具有良好的耐水性、耐油性、耐洗刷性，对基层适应性强，属于高档内墙涂料。它主要应用于住宅、宾馆、饭店、商店、办公室、会议室等。

5. 仿瓷涂料

仿瓷涂料由聚氨酯或环氧树脂、聚氨酯与丙烯酸构成。其涂膜细腻、光亮、坚硬，酷似瓷釉，具有优异的耐水性、耐腐蚀性，黏附力强。它主要应用于厨房、卫生间等。

三、顶棚材料的种类与应用

（一）纸面石膏板

纸面石膏板是目前应用量最大的天花造型材料，一般以轻钢龙骨作为吊装骨架。纸面石膏板是一种伸缩稳定的材料，厚度在9~12毫米，尺寸有1200毫米×2400毫米和1200毫米×3000毫米两种。纸面石膏板的施工简单，一般是用螺丝钉直接拧在木方或轻钢龙骨上（螺丝钉头要用油漆封闭避免生锈），小面积的造型也可以直接用建筑胶粘到水泥砂浆抹平的棚面上，然后表面进行刮平和打磨处理，最后根据设计要求刷涂料和贴壁纸等。

（二）FC 板

FC 板是一种纤维水泥板，可以像石膏板一样锯、钉，并具有良好的防水性。其工艺与石膏板相同。

（三）方块石膏板、矿棉板

方块石膏板、矿棉板作为天花板表面无须进行处理，在吊装好的专用轻钢龙骨上直接铺放。造型单调，便于拆卸和更换。适用于商场、办公楼等大型场所。

（四）金属板

金属板包括不锈钢板、钢板网、金属微孔板、铝合金压条及铝合金压型薄板等。金属板具有重量轻、耐腐蚀和耐高温等特点，带孔的还有一定的吸音性。金属板可以压出各式凸凹纹，还可以处理成不同的颜色。烤漆金属板呈方形、长方形或条形。常用的有条状和方块状两种规格，适用于顶棚有可能漏水的场所，如厨房、卫生间等。

（五）铝塑板

铝塑板是表面喷漆的铝板与塑料基层压制在一起，形成的 1.3 毫米厚的复合材料，可选择的颜色多，一般用粘贴的方式粘在木造型的表面。

（六）竹材吊顶

用竹材作吊顶，在传统民居中并不少见。在现代建筑中，多见于茶室、餐厅或其他借以强调地方特色和田园气息的场所等。

第四章　室内环境艺术设计程序与方案表现

本章讲述的是室内环境艺术设计程序与方案表现，主要从以下两部分内容进行详细论述，分别为室内环境艺术设计的基本程序和室内环境艺术设计的方案表现。

第一节　室内环境艺术设计的基本程序

室内环境艺术设计是一个理性的工作过程，正确的设计方法、合理的工作程序是顺利完成设计任务的保证。设计方法的研究，工作手段的完善是职业设计师的终身课题。接下来，我们将从室内设计的一般程序、室内设计中的具体步骤、程序和过程等方面展开分析讨论。

传统的室内环境设计程序主要包括：初步设计、扩展设计、施工图设计、施工督导四大步骤，但是随着室内设计行业的发展，人们对室内设计的要求越来越多，设计师在设计时需要做的功课也越来越多。显然这种传统的设计程序已经远不能适应现代室内设计的新发展和服务内容的需要。因此，为了满足社会需要，满足服务对象的需要，必须对传统室内环境设计程序进行调整。

经过发展和完善，现代室内环境设计的基本程序已经形成一个基本模式，它的内容包括前期策划阶段、初步方案设计阶段、扩大初步设计阶段、施工图设计阶段、设计实施阶段、竣工验收阶段和方案评估阶段。这里主要介绍前期策划阶段、初步方案设计阶段和扩大初步设计阶段。

一、前期策划阶段

（一）考虑设计条件

方案的设计是灵动的表达内容，要经过大量调研、积累工作，经过草图、方案、推敲、论证类比比较，才能确定可实施的方案。

一般情况下，设计师在接到任务后，不会立刻上板出图。而是要对任务进行分析研究，在自己的脑海中形成一个大概的结构框架，目的是弄清设计内容、条件、标准等重要问题。这个阶段叫作准设计阶段，就是与设计有关，但尚未展开设计程序的工作阶段。设计师们做的是准设计阶段最基础的工作。正常情况下，设计的委托方需要给设计师提供一个设计委托书，但是不可避免一些特殊情况出现，当设计的委托方没有能力提供设计委托书时，室内设计师还要与委托方一起做可行性研究，根据委托人的设计意向和经济条件或投资的可能性等拟定一份任务书，这个任务书必须是建立在合乎委托人的实际需求，并且双方都认可的条件下。了解任务的目的之后，设计师要思考以下两方面的内容：

（1）研究使用功能

了解室内设计任务的性质以及满足从事某种活动的空间容量，这样就方便设计师根据使用功能进行设计。就像设计师进行器皿设计一样，因为器皿的种类有很多，只有清楚地知道该器皿设计出来将用于何处，作何用途，才能使设计师明确到底该用什么材料，做成多大的体积等。

（2）结合设计命题来研究必需的设计条件

在弄清楚设计命题以后，为了满足委托人的要求，设计师需要根据命题来决定需要哪些设计条件。

（二）做好设计准备

1. 搜集资料

为了设计出来的产品更加符合要求，方便设计师更加全面地考虑设计内容，理清设计思路，在设计之前搜集大量的相关资料是非常有必要的。例如，设计师们可以参考借鉴前人或其他设计师在相关领域的设计实例，从中吸取经验教训，了解自己的长处和不足之处，做到取长补短，从而找到自己的出路。搜集资料时，首先要考虑的应该是对大的空间关系的处理。同时，从细节方面来说，对装修材料和构造方法的了解和学习也是不可忽视的，尤其是对新型材料和典型的传统做法之间的差异进行区别，在借鉴传统做法的基础上，还要不断进行创新。在可能的情况下，对大到建筑材料，小到日用产品的品种从规格到单价都要有一个明确的列表，使自己对需要的产品有一个清楚的认识，在此基础上，对产品进行一个主次分别。

所搜集的设计资料从对设计的影响角度来讲可分直接参考资料与间接参考资料两种，详细讨论如下：

（1）直接参考资料

直接参考资料是那些能够直接使用在设计上的设计资料，并且能够被借鉴或者引用。比如，根据设计任务书的具体需要或者是具体活动的需要，我们可以搜集相关的任务和资料，从而提升人们对这一人体尺度的具体研究。搜集到足够的资料后，每个设计师都有不同的手段或方法来验证这些方法资料是否适合实际生活中人们的需要。例如，可以用摄影手段去搜集并研究人们在类似空间中的行为、习俗以及有倾向性的人流线路。运用查找到的相关资料，结合人们的实际需要，明确所要设计空间的功能分区问题，从而更好地为设计做准备。

（2）间接资料

间接资料指的是那些与设计有关但是不直接作用于设计的文化背景资料。相对直接参考资料、因为这类资料不能直接反映我们需要的设计内容，所以它的搜集要费力一些。人类历史绵延几千年，任何室内空间的产生都有其深远的历史背景和文化渊源，人们对任何室内空间的要求也都是顺应一定的历史发展趋势的。不同的历史背景所产生的文化也必然有很大的差异。因此，空间设计并不是只顾眼前实际，还要尊重历史，根据不同的历史和文化进行室内空间设计对丰富室内空间设计的个性和特色也是有很重要的意义。

随着社会的快速发展，人们生活质量的提升，人们对居住环境提出了更高的要求，不仅基本的居住环境得到了改善，因为每个民族生活的环境和历史文化的差异，他们的审美习惯、生活习俗、经济条件和所在地区的物产都有着自己民族独特的风格特征。人们对住所的要求也摆脱了过去落后的观念，所谓功能主义的室内空间越来越满足不了人们的需求了，统一的设计模式也无法应付人们越来越多的问题。所以，为了做好设计的工作，人们就需要从根本上理解设计的具体内容和服务对象。间接资料的突出优势就是能够帮助设计者加深对这些内容的理解，不仅能够让设计者理解服务对象的设计需求，还能够提升设计师的修养层次。在设计的开始阶段，设计师需要搜集大量的相关资料，并吸收这些资料的养分，在不断积累的过程中设计师的基本构思也就能够得以实现。简介资料的量越大，资料的真实性和可靠性也就能够得到保证，设计构思的条件和依据也就更加丰富。在搜集资料的过程中，不仅个别具体的工作能够得以顺利地开展，还能够提升设计师自己的知识与修养水平。所以，资料工作是一项必要的准备工作。初学者在开始收集资料的时候，经常会出现逻辑混乱、丢三落四的情况，虽然资料比较丰富，但是有很多资料不能够得到充分地使用，无法入手查阅。这是在设计阶段最应该忌讳的习惯。

所以平时就应该养成及时归纳、整理，分类明确、存放妥当的好习惯，这样应用起来就会方便很多。

2. 分析考察

（1）资料分析

资料分析即对建筑图纸资料进行分析，认识和了解自己的工作内容和基本条件，从多方面去分析和权衡项目的特点和难点，抓住问题关键，解决问题。

（2）考察设计条件

对设计条件的考察也是设计准备阶段一项非常重要的工作。施工的具体水平就是考察的主要内容。因为设计的实施与落地需要依靠施工环节的实现，即使前期的设计非常合理，构思明确，但是如果施工的能力较为落后，最后的结果也是差强人意，甚至会出现劳民伤财的现象。但是，如果施工的水平能够得到保障，设计师的设计意图能够完整地体现出来，不仅能够使设计圆满完成，设计的最终成效也能够得到保证。所以，为了减少"巧妇难为无米之炊"问题的出现，我们必须反复考虑设计条件的因素，确保施工水平的良好以及其他施工条件的正常。并不是进行了设计条件的考察，施工过程就可以保证万无一失了。毕竟设计人的能力是极有限的，设计只有投入实践才能真正发现问题，许多制作工艺和设计内容方面的问题需要根据施工的具体情况作出修改和调整。所以设计人员必须能够进入实际的施工环境进行调查、协商，选出最好的解决方案。

3.设计咨询

（1）情况咨询

室内设计的内容比较复杂，关系到公众的安全、健康和福利。因此，一定不能小觑，设计师要对所涉及的各种法律充分了解，咨询时包括防火、防汛、防盗、空间容量、交通流向、疏散方式、日照情况、卫生情况、采暖及电器系统等都要了解清楚。首先要保证建筑行为的规范，才能去考虑使用的舒适与美观。可见建筑法规在室内设计中也起着举足轻重的作用。

（2）了解业主需求

作为将来装修好的室内空间的使用者，业主的习惯与需求，如业主的思想倾向与文化品位等是设计师必须了解和把握的，这样才会在设计时充分考虑到使用者的感受，设计出来的建筑才能体现出"为人服务"的原则。

（3）市场分析

设计师在设计时必须以市场为背景，充分了解市场环境，根据市场需要作出判断，从而确定自己的设计方向。

所以，在设计准备阶段，设计师需要对任务的性质、工作的具体条件、设计师的职责进行明确。只有了解了设计的具体内容、应该怎样处理设计的内容，在后续的工作中，设计师才能够按照具体的计划和要求设计出程序，使得设计具有较强的实践性。

（三）策划阶段的收尾工作

1.制订设计任务书

在目前的设计流程中，我们应该以委托方（甲方）为主体制订设计任务书。设计方（乙方）应该出于认真负责的目的为甲方提供具体的参考意见。在一般情况下，设计任务书的制订或者是设计任务书的立场和基础应该分为下面四种方式：

一是从空间使用的需要出发制订。

二是从委托方（甲方）的需要出发制订。

三是从工程投资额的具体要求出发制订。

四是从等级档次的具体要求出发制订。

设计任务书的内容包括项目工作策划开始之前的工作大致方向和总体设计要求，并根据设计任务进行系统性的规划，并形成总体性的文件内容，还包括乙方需求、甲方需求、工程概况等。室内设计任务书的涉及范围比较窄，参考的对象为景观、规划、建筑等，虽然室内环境是建筑内部的一部分空间，但是任务书的制订也需要一定的标准，我们在本书中主要参考的是住宅设计、景观设计、建筑设计、规划设计内容等，根据室内工程的特点及需求，拟定室内设计任务书的具体内容如下：

一是项目设计范围及具体内容。

二是工程项目概况及特点。包括项目名称、项目地点、设计标准、工程投入资金状况、项目在建筑中的位置等。

三是图纸内容要求及数量要求。

四是设计进度及设计期限等。

五是室内使用空间类型要求及室内风格要求。

六是设计依据。包括装修设计招标文件、建筑设计图、结构设计图等

七是设计规范及标准。设计内容应满足相关专业规范要求，如材料的选择、室内设计的维护与可持续利用等。

八是项目相关人员职责。包括负责人、设计部经理、项目主设计师、方案设计师等负责完成项目的人员分工安排。

2. 接受委托设计书

在制订好设计任务书后，设计者还要接受委托设计书，设计者需要做到以下几方面：

（1）理解设计任务书中的具体任务和要求，比如总造价、等级标准、设计规模、功能特点、使用性质等，并根据设计任务书中提到的使用性质，设计出相应的环境氛围、艺术风格、文化内涵等。

（2）熟悉和设计有关的定额标准和具体规范等，还可以搜集并分析必要的资料和信息等，比如对现场的调查，测绘关键性部位的尺寸，细心地

揣摩相关的细节处理手法等。

（3）调查同类室内空间的使用情况，找出功能上存在的问题。

3. 签订合同或制订投标文件

在签订合同或制订投标文件时，要注明设计的进度安排，设计费率标准，室内设计收取业主设计费占室内装饰总投入资金的百分比。这个百分比一般由设计单位根据任务的性质、要求、设计复杂程度和工作量提出，通常为4%~8%，不过这个标准最终还需要与业主商议确定。不过设计费的计算方法不止这一种，也有按工程量来算的，即按每平方米收多少设计费，再乘以总计工程的平方米来计算。

二、初步方案设计阶段

（一）方案创意意象

1. 满足使用功能

人的使用功能因素要全面考虑到，这是根据具体的环境、位置与具体的地域特点来做综合的设计。既要体现人的使用习惯，又要考虑美感因素的把握，把设计文化也就是风土人情、地域特色、融入使用功能中。

2. 进行意象表达

用什么样的表达形式，尤其是主体表现的部分，要根据具体环境、生活水准和技术要求来确定其表现形式。不管用什么样的材料、技术、形式来表现，都要有初始的创意意象，并符合具体环境所要求的整体设计格调。意象表达又可以分为以下几部分内容：

（1）生活表达，来自生活的体验与细节上的感受。

（2）文化载体，反映历史文脉、地域文化和风俗习惯。

（3）象征表达，寓意、暗示、象征、概括性的表现自然生物的有机状态。

（4）追逐梦想，建筑科技与艺术设计的有机结合，表达空间、精神和美的享受。

（5）几何形体，追求现代、简练、时尚的表达意义。

（6）雕塑表达，像一尊艺术雕塑一样，强调立体感与块面。

3. 文化传承

每一个地区都有本地区的文化、素材材料与做法习惯。当你把这些素材融入材料与构造设计中的时候，就感到很贴切，耐人寻味。达到材料选择、构造技术与人文文化的完美结合。

（二）初步方案设计

在初步方案设计阶段，设计师面对的任务主要有以下几个方面：

一是针对项目计划与业主交换意见，并且达成一致。二是初步确认任务内容、做好时间安排和经费预算。三是与业主针对施工的可行性方案进行讨论，达成共识。

这一阶段最主要的工作就是与业主进行商讨，从设计的各种具体要求出发，并和业主沟通好设计过程中可能出现的问题，确定好项目的具体计划书。在明确项目计划、讨论可行性的方案之前，我们需要使用图纸方案和说明书等文件详细了解设计的基础内容。在这一阶段，工作内容包含了初步设计的文件，比如图纸（施工图、效果图等）、计划书、概算、设计说明等。具体内容是：

一是平面图（包括家具布置）。二是天棚图（包括灯具、风口等的布置）。三是室内透视效果图（彩色图）。四是室内立面展示图。五是室内装饰材料的实样版面（墙纸、地毯、窗帘及室内装饰用其他纺织面料、墙地砖及石材、木材等均用实样；家具、灯具、设备等采用实际照片）。六是设计说明和工程造价概算。

三、扩初设计阶段

设计方案基本确定以后，就要进行扩充设计了，它是在装修创意方案设计的基础上，逐步落实材料、技术、经济等物质方面的现实可行性，在这个阶段，就会将设计意图逐步转化为现实。并与建筑、结构、设备等专业碰头协商结构和技术等方面的设计定位，也可提出补充材料与构造节点大样图，与相关专业协调、一致，同步进行。如果没有大的问题，即可进行下一步工作。

扩大初步设计阶段工作能够在更为宏观的层面设计全局，在这个阶段中，我们可以将设计服务分解为以下的几个内容：

一是我们要将设计任务的要求作为设计的根本出发点，将基本使用功能、材料、加工技术结合在一起，并统筹使用色彩表现手段、材料手段、造型手段、空间手段等。在这之中具有一定的细部表现内容，能够表达出技术方面可能会出现的可能性和可行性，保证经济层面的合理性、形式审美层面的完整性。

二是除了上述空间、材料、造型等内容外，还包括了结构、水、暖、电等内容。在这个阶段，设计师要与各工种工程师进行协调，共同探讨各种手段的可行性和一致性，这一阶段的设计文件包括：大样图，水、电、空调等配套设施的设计，材料计划，各种概算或详细说明。可见，扩大初步设计阶段与初步方案设计阶段相比，深度明显增加，内容更加丰富。

三是在扩大初步设计完成后，同样将文件交与业主进行磋商，取得认同，签订一个书面的批准合同，如业主有所改动，即视为设计师提供的附加服务，业主应该承担由此而增加的一切费用。如果没有什么问题，双方达成一致，就可以接着进行下一步施工设计阶段了。

第二节　室内环境艺术设计的方案表现

一、方案表现步骤

（一）绘制手绘设计效果图

一般情况下，手绘效果图可以通过钢笔淡彩、马克笔手绘、水粉、喷绘等方法来表现。关于这几种表现方法我们后面会有详细介绍。或者在一个设计里，我们可以将几种表现方法混合使用，这样可以不拘一格地表现和发挥艺术魅力，从而快速表达设计意图，绘出其基本平面、立面布局和立体效果图，也可称为渲染图、透视图、预想表现图等。

（二）计算机辅助设计效果图

手绘效果图虽然可以自如地发挥设计者的想象力，快速表达设计意图，但是有了计算机的辅助，设计起来会更方便，更完善。如今我们早已经逐步完善了计算机的辅助设计，从而大大减少了人工的重复率，如 AutoCAD 绘图、3DMAX 渲染等软件的应用，方便了方案的设计，丰富了建筑艺术创作领域，使方案的设计既快捷又清晰。这也是我们今后的发展和研究方向，我们不仅要延续它，更要突破和发展它。

（三）运用现代科技技能，综合设计方法

现代高科技的发明使人们的工作和生活都更加快捷方便。例如，可以应用多媒体 PPT、动画演示或二者相结合的现代技术手段，来展示设计作品方案，既可以深化创意制作方案效果，又能够更好地表现设计思路，使大家更清楚设计的方向和意图。

二、室内效果图表达

（一）室内效果图的表现要点

在绘制室内效果图时，表现手法并不是单一的，设计师们可以通过多种形式来表现，但是有一点要注意，无论哪一种表现形式，在绘制效果图的时候都应该遵循以下四个基本法则：即"真实""科学""艺术""应用"相结合。

1. 真实性

真实感是贯穿效果图的一条生命线，效果图是作用于真实的建筑上的，绝不能脱离实际的尺寸而随心所欲地改变空间的限定。如果为了主观、片面地追求画面的某种"艺术趣味"而完全背离客观的设计内容，或者错误地理解设计意图，表现出的气氛效果与原创意设计相差甚远，那么效果图就失去了它本来的意义。所以，在设计之初，无论设计师本人或接受建设单位的委托人都必须客观地认识到，在效果图的设计中，真实性始终是第一位的。

效果图之所以比其他图纸更具有说明性，是因为在人们看到它的时候就能够清楚地知道这个建筑的布局结构，建设单位大都是从效果图上领略设计构思和装修施工完成后的真实效果的。而这种说明性就寓于其真实性之中。所以效果图在设计时针对室内设计空间体量的比例、尺度等，在空间造型、材料质感、灯光色彩、绿化及人物点缀方面也都必须符合设计师所设计的效果和气氛。

2. 科学性

科学，简单来说就是具有一定规律性的、前人经过不断的实践和总结得到的一种模式。透视学与阴影透视概念是前人总结出来的科学道理，光与色的自然变化规律也是，建筑空间形态的比例、构图的均衡、水分干湿程度的把握，绘图的材料、工具和使用选择等也都含有科学性道理。

我们都知道在建筑表现中设计师要画图，绘画自然是十分重要的，绘图中所强调的稳定性也属于科学的范畴。室内效果图中经常出现的界面，如家具陈设摆放，空间关系层次等都要严格按照透视规律作图。因而，我们必须在室内效果表现作图的训练过程中，将画面形体的整体性作为重要内容来进行认真的求证。

在绘制效果图的过程中，为了保证图的真实性，避免绘制出来的图不具备实践意义，或者造成曲解，必须按照科学的态度对待画面表现上的每一个细节。无论是起稿、画图、着色或者对光影、透视的处理，都必须遵从透视学和色彩学的基本规律与基本规范去画。这个过程是非常严肃谨慎的、程式化的理性处理过程。在刚开始的时候，因为这些特点，设计师一定会感到枯燥乏味，甚至有些想放弃的冲动。但是，潦草从事的结果往往是欲速则不达，绘制出来的图没有实际意义，也就是浪费了时间，还做了无用功。故此，用科学的态度对待一切是我们应该贯彻的思想，无论何时，做任何事，都要遵守客观规律，尽人事，将我们的努力发挥到最大，这样我们才会享受到成功的欣喜。正所谓苦中有乐，方能乐在其中。

当然，科学对待事物并不是教我们把所有规律都看作一成不变的教条。这些规律之所以被称为科学，为人们所沿用，是因为它尊重客观规律，符合实际现象。但是真理是需要不断发掘和补充的，我们只有熟练地驾驭了这些科学的规律与法则之后，才会完成从必然到自由的过渡，那时候我们不仅能灵活地运用现有的理论，可以自己发现和创造科学。因此，在制图过程中，我们要在尊重客观规律的同时，善于创造富有想象力的设计。对此，作者经过多年的制图与应用实践深有体会。

3. 实用性

"实用"和"真实"的要求一样，实用也是建筑设计的一项基本要求，它是指效果图设计必须能够应用于建筑设计项目工程上。室内设计效果表现图，是室内设计整体工程图纸方案中的先行，它是通过绘画手段直观而形象地表达设计师的构思意图和设计的最终效果。因而，在设计效果图的时候就应该时刻考虑到此设计是否有可实现性，如材料的选择、做法构造的可能性等，都必须自始至终地贯穿于整个创意、方案、施工图的各个阶段过程，这样才能使做出来的效果图真正运用到实际操作中去。

4. 艺术性

效果图对建筑来说，就是一种科学性较强的工程方案图，但是从绘画层面来讲它也能成为一幅具有较高艺术品位的绘画艺术作品。近年来，这种建筑效果图不仅被人们用于施工建设中，还有很多善于欣赏或收藏的艺术爱好者喜欢把它们当作室内陈设挂于墙面或陈列于案，这都充分显示了一幅精彩的表现图所具有的艺术魅力。因此，我国也曾举办多次建筑画、室内表现图等艺术展览，并且获得圆满成功。出版过的画册也得到普遍的赞誉。当然，这些效果图之所以能受到这么多人的喜爱，与其表现出无限的艺术魅力是息息相关的。要想达到这种艺术魅力，离不开真实性和科学性的基础，也离不开设计师扎实的基本功。

一幅效果图的艺术性是强还是弱，跟作者本人的艺术素养与气质是分不开的。不同作者阐释出的作品自然有着不同的风格，每一幅效果图的手法、技巧与风格都与作者的个性息息相关，正因为每个人的性格不一样，作者呈现出来的画作才带着自己独有的韵味。正所谓一千个读者就有一千个哈姆雷特，因为每个人看待事物的角度或者所带的情感不同，因此同一件事物出来的效果也会有所差异。每个画者都带着自己的情感和态度认真并深入分析图纸信息，然后使用艺术化的语言表现设计、阐述设计的艺术特征，这就让具有普通效果的设计施工图具备了特殊的艺术魅力，让效果表现图变得更加立体、更加丰富。

在绘画方面的色彩训练、素描技巧上，在光感、质感、构图知识的表现上，以及气氛的构造、点线面的构成上，视觉图形的感受方法和技巧能够在很大程度上提升艺术的感染能力。如果能够保证真实性，我们可以进行适当地夸张和选择。选择最佳的表现角度、最佳的光色配置和最佳的环境气氛，本身就是一种在真实基础上的艺术加工与创造，这是设计师表现艺术的进一步深化过程。

（二）室内效果图的表现形式

室内效果图的意境与设计师要表达的设计意图是不可分割的一体。最后建筑所呈现出来的意境是否深邃，气氛是否和谐，都是以室内环境的设计意图为基础的，这就是所谓的"意在笔先"。但是绝不是说效果图的设计就可以完全按照想象的意境和氛围来进行色彩的堆砌，而置室内性质、构思意境、环境气氛于不顾，以至于不能准确地反映室内设计的内在蕴含。设计师要弄清楚表现图与室内设计的关系，要知道表现图的"意"是室内设计"意"的深化，可以说室内表现图是本着刻意表达特定的环境气氛和内容进行的一种形与色的传递。令表现技巧服务于这个中心，让设计的"思"与表现图的"形"相辅相成，浑然一体。

一幅好的室内效果图不仅要有深度的考虑，还应驾驭好表现技法，如视点的选择、配景的应用与布置，整体色调的把握，动与静的搭配，点、线、面的结合等，更要注意色彩对人的视觉所具有的吸引力和感染力。比如，在明度关系上不同色调所构成的画面效果各不相同：高长调使画面轻松活泼，高短调使画面优雅柔和，中长调使画面有力，中短调使画面朦胧含蓄，低长调使画面强烈厚重等。在色相关系上弱对比单纯柔和，但久看则显单调乏味，为了给画面带来生气，应调整明度与纯度的对比。弱对比明确肯定，强对比具有视觉张力，但易使视觉疲劳。在纯度关系上，对比强则令画面生动鲜明，但易导致眼花缭乱，应减弱明度对比。对比弱则含蓄雅致，但把握不好易使画面呆滞，需要加强明度对比，以使色彩关系达到和谐气氛。

效果图的表现形式是传达意境的一种方式，它的运用使设计内涵与外在形式和谐统一。依据不同的设计表现意图我们可以选择不同的表现形式而形成特有的风格。诸如装饰性表现、写意性表现、具象性表现。装饰性表现的特点主要体现在两大方面：

一是着重追求意境与气氛。二是画面色彩的明快、亮丽与别具一格的情趣。装饰性表现在室内空间中倾向于图案化或运用夸张与变形的手法，增强室内的趣味性与美感。夸张重点部分使其得到强化的表现。在画面构成上，装饰性具有极强的主观性。它反映的形式不仅在于整体性的空间，还在于细部处理的展示，如几个精彩细部组合在一起，形成具有拼贴意味的效果图，从另一个角度诠释设计的意图。装饰性表现的效果图，画面美感很强，处理手法形式灵活多样，既可用于营造个性化的空间，也能很好地表现室内光影扑朔迷离的梦幻效果。

写意性表现的主要特点是效果图绘画性较强。但它绝不是脱离设计构想而单纯追求画面效果的表现方式，而是选择了与激发设计者构思源泉相似的语言和符号，使观者能通过画面所展示的形式，感知设计者的理念，使双方在心灵上有种沟通。写意性表现不一定严格遵循透视法则，带有主观意念，根据不同的环境气氛与设计意图而选择不同的表现手法，画面或活跃轻快，或凝重清幽。线条或曲或直，或粗或细。驾驭这些语言工具的原则是：传达室内设计信息，呈现设计者的内心体验。

具象性表现是常用的一种表现形式。它以严格的空间结构、真实的材质感为依托，生动地预见设计效果，是一种较易接受与采纳的表现方式。它的优点在于真实地反映了室内效果，在室内装修方案的确定起着重要作用。

（三）室内效果图的表达方法

室内效果图从绘画方面来说，属于艺术表现形式的一种，与艺术有着不可分割的血缘关系，因此也具备了艺术所具有的特质，即整体统一、对比调和、秩序节奏、变化韵律等艺术规律方面的艺术美感。因此，在室内设计表现图的绘制过程中，设计师的绘画基础、技术基础、艺术修养等都会对效果图做出来的效果有着很大的影响。事实证明，要想表现图的效果出色，设计师的能力必须是出色的。

图纸是设计师对业主呈现的最有说服力的语言，好的设计成果可以帮助我们打动业主，获得设计任务委托直至工程应用。因此，在设计效果图的过程中，无论是徒手绘制技巧还是计算机辅助设计能力，为了达到最好的效果，我们应该全方位考虑一切因素，充分地掌握它们。这样才能为提高设计的可信度奠定良好的基础，才能在竞争日益激烈的市场中占据足够的优势。

既然室内效果图那么重要，那么究竟怎样才能用最好的方法，最优的成果表现出来呢？下面我们一起来看看室内效果图的具体表现方法。

1. 准确的求证透视

设计构思是存在人脑中的思想形式，它需要通过画面艺术形象来体现。影响画面呈现的因素有很多，例如，形象在画面上的位置、大小、比例、方向的表现不同等，呈现出来的画面效果就有很大差异。画面效果的差异与其形成有关，画面的形成都是建立在科学的透视基础上的。透视存在一定的规律，一旦违背透视规律的形体与人的视觉平衡，画面透视错误，就会失真，效果图也就不具备实践的意义，已经与现实相背离，也就失去了美感的基础，所以，就算表现出来的色彩再美也是失败的。因此，设计师在设计时必须掌握准确的透视求证方法，在实践的基础上，应用其形式美的法则处理好各种造型，使画面的形体结构准确、真实、严谨、稳定。

要想制作出精美又贴合实际的效果图，熟练掌握透视法则是基本，除此之外，设计师还需要对每个形体内在构成关系和各个形体之间的空间联系熟稔于心。这种联系也是构成画面结构、骨架的基础，只有熟悉这些结构和骨架，才能使设计出来的效果图内容充实饱满。分析的方法主要依赖于设计素描、速写的训练、特别要多以几何形体做感觉性的速写练习，以便更加准确、快捷地组合起来。

2. 明快的色彩色调

上面我们已经说过保证准确的求证透视是基础，在此基础上，我们还要给予恰当的明暗与色彩，只有两者结合，才能完整地将一个具有灵动的空间形体展现出来。人们在看效果图的时候，就是从这些外表肌肤的色光中感受到形体的存在，感受到生命的灵气。作为一位画师，必须学会在光与色的处理上施展所有的技能和手段，将极大的热情赋予塑造理想形态中。除此之外，作为训练的课题，不仅要注重"色彩构成"基础知识的学习和掌握、注重色彩感觉与心理感受之间的关系，还要注重各种上色技巧以及绘图材料、工具和笔法的运用。以其扎实的造型能力与光色效果去塑造、表达内在的精神和情感，赋予室内设计效果图表现的生命力。

3. 掌握手绘效果图特点

效果图的成果展示是与设计师的设计创意紧密相连的，现代手绘艺术效果图是与建筑设计创意紧密相连的，手绘艺术效果图的表现技法，是室内设计方案的一种表达、表现形式。用绘画的方法简练概括的绘制效果图，是一种简便、快捷的绘图方法。而这种技法要求绘图者要具有较高的绘画水平，对空间尺度感要有相当敏锐的捕捉能力，所表现出来的设计方案作品更具有艺术感染力。这是手绘艺术效果图的基本特点和明确的目的。

室内设计方案效果图的表现，是首先勾画出室内空间方案设计布局的草图，确定方案后在预先裱好的纸面上起草轮廓，然后进行着色渲染，并有程序、有步骤地进行绘画表达。

绘制室内空间效果图时，根据透视基本方法、原理，画出准确的空间透视角度、物体关系，并经过视觉的调整，达到视觉上的舒适才能着色，直至细部刻画来营造出表现的室内空间氛围效果。

室内透视的种类与成图方法较多，在室内设计空间效果图中，应掌握常用的平行透视、成角透视和鸟瞰透视的画法，也可以称为一点透视、两点透视和三点透视。室内空间设计效果图要体现各自具体室内设计空间特点，即室内空间环境气氛的创造是很重要的，气氛的创造是直接影响到方案设计的最终效果。因此，要留意观察、体会空间表现的方式方法。在此基础上运用艺术的表现技法，提前构想实际的效果图方案。

室内效果图能够表现技法的类型也是十分多样的，不同的技法具有不同的特点：比如水彩画能够呈现出一种清新淡雅的艺术特点，水粉画的覆盖能力比较强、较为浓艳，钢笔画擅长塑造形体的外观，马克笔比较干练、潇洒。在绘制和设计过程中，需要从室内空间方案的设计场合和设计对象出发，选择恰当的方案。在通常情况下，公共性的建筑场所比较喧嚣，我们可以选用一些比较奔放的表现手法体现出公共场所的繁华景象；如果是具有一定现代特征的潮流型空间，需要使用一些对比比较强烈的色彩；但是在卧室、精品屋、书店、药店等需要安静的地点，就需要使用协调统一、细腻的技法表现舒适稳定的空间。

所以说学好手绘艺术效果图，要本着目的明确，要求清晰，掌握特点等，方能练就好手绘艺术效果图技法。

下面我们就一起来具体探讨一下这几种手绘效果图的表现技法：

（1）钢笔淡彩法

水彩是一种透明性的颜料，它的主要特点是明快、淡雅、清新，使用水彩进行作画，可以使用多种类型的技法，表现力也十分丰富。钢笔在作图的过程中可以起到勾勒线条的作用，在做室内效果图时，可以将水彩和钢笔结合在一起，将这两者结合在一起作画，是非常方便、快捷的，能够体现出画作的结构和层次。与此同时，钢笔勾画出的线条感和力量感是非常明显的，所以钢笔非常适合用于线条的刻画和转折。钢笔和水彩结合在一起，能够让结构更为明显，柔和、刚强的力量能够结合在一起，呈现出十分明朗的效果。这也是钢笔淡彩的一个主要优势。

在运用钢笔淡彩画法的过程中，我们需要确定好对视点，确定好后，作出透视图，再复制到画布上，画布一般为水彩纸或素描纸。下面是这一过程中需要注意的地方：第一，不要使用橡皮，防止损毁画面的完整，上色的过程中可能会出现沉淀的现象；第二，描线时使用钢笔或针管笔，要等到线干后才能够上色，否则墨水会散溢开。水彩上色时要遵循一定的原则，才能够出现较好的效果，一般为先浅后深，先远后近，在描绘暗部时，应该多次上色。在上色时，应该掌握好渲染的技巧，可以使用大号笔上一层色，并留出一些空间，保证面积较大的画面在后期还能够实现色调的统一。在上色的过程中，应该注重用笔的干脆和利落，减少上色的层数。在作画之前，需要了解明暗的色彩层次，下笔才能够做到心中有数。要保证色彩的饱满程度，上色的均匀、笔触的使用应该是准确、实用的，要突出主题的作用。

（2）水彩、水粉表现法

水彩不仅能够用于钢笔的淡彩技法，还能够对室内的气氛起到渲染的作用，从而表现出光感和阴影效果。在掌握水彩的特殊技法后，可以从浅入深地叠加出具备透明感和层次感的空间色彩。但是在描绘阴影的时候不能够过于死板，要让画作具备一定的透气性，这个度是非常难把握的，如果我们无法把握作画的细节，我们可以利用水彩作画。

和水彩相比较而言，水粉的表现力是非常丰富的，能够体现出室内空间的质感和光感。水粉中含有粉质，覆盖能力比较强，和水彩相比，水粉更容易修改。我们在上色的过程中，需要遵照先浅后深的原则，虽然水粉的覆盖能力比较强，但是在作画的时候也要谨慎一些，太过草率可能会出现错误，如果修改太多次会让画面更脏。在使用水粉的过程中，也要重视用色的透明感，水粉色彩会根据干湿状态的变化而变化，在一般情况下会出现深色干后变浅、浅色干后变深的变色效果。所以我们要提前设想好色彩的表现方式，下笔的时候就可以做到干脆利落了。

水粉效果图的表现亦先考虑从哪一个角度才能最好地表现设计意图，使画面效果最好。在确定好视点后，便得出准确的透视图。当然，如果透视图发生变形，就需要进行调整，调整过程所凭借的是视觉经验。当把透视草稿拷贝到正图上后，便可上色，上色的过程中需要特别注意以下三个方面：

①应在二维的纸上画出空间感，即画出几块大面积的色彩关系。在对顶棚进行描绘时，最常采用的画法是湿画法，用退晕的方法画出深浅变化。如果想让顶棚有近深感，可以采用近深远浅或远深近浅的原则进行上色，同时应该注意用色要有透明感。在对墙面或地面进行描绘时，可以采用相似的画法，但是值得注意的是天地墙远近深浅关系的一致性。地面如是反光材料，可画出垂直的投影，以表现地面质感。

②要刻画饰面细部以及家具陈设。饰面细部指的是如各界面的具体造型、阴角线、踢脚线的样式、墙面的材质感等。不同的材质应从其固有色出发，结合多种表现手法达到固有的材质效果。除此之外，对家具与陈设

也应该做深入刻画，以完善室内空间。对一些形体的转折面，可用直线笔勾画亮线或暗线，使结构清楚，重点突出。

③除了刻画室内的空间感、家具及陈设外，我们还可以根据画面构图和环境需要，在适当位置加上一些人物动态及植物，以使画面显得更加饱满，富有生机。水粉画的技法很多，在对不同的环境进行刻画时，需要采用不同的手法，这些都需要根据环境需求来决定。

（3）马克笔表现法

马克笔也是一种较理想的效果图绘制工具。它快捷、方便，适用于一些周期较短的设计。马克笔按照笔芯的性质可以分为油性与水性两种，按笔尖的形状可以分为宽头和尖头两种，宽笔尖的马克笔因为涵盖面比较广，用来画面比较方便。尖头的马克笔相对来说就适合画线。马克笔还有很多种类的颜色，其中，灰色系列与其他颜色叠加可以产生丰富的色彩变化。

马克笔的特点是既能用细笔头画精细的线，亦能用较宽的笔头画面，兼有针管笔和水彩笔的功能。它迅速干燥，色彩叠加效果较好。它的优点是线条流畅、轻松、洒脱，具有不羁的感染力，但是它也有不足之处，就是色彩的品种比较受到限制。

使用马克笔作画时宜选用专用纸或硫酸纸，使用普通的纸张画面容易渗透或不易着色。使用硫酸纸绘图不仅不会产生这种效果，而且还可以在正反两面上色，以造成灰度的变化。这种画法一般用来描绘中景与远景，由于色的渗透使色与色之间有调和的机会，会产生水彩退晕效果。

马克笔的作画步骤与水彩画有相似之处，最关键的地方在于用线条画出空间结构。在这个过程中，线条要求必须肯定明确。此时根据前面所讲的内容，定出视点与视觉中心，把握住形的转折与变化，在空间中绘出一些人物以丰富点缀画面。

在画好空间形态后便是上色。首先要确定天地墙所用色彩。在对天地墙进行描绘时，我们通常用较灰一点的色彩，先用马克笔的宽头描出较平整的面。在这个过程中，注意线条排列要规则，用力要均匀，以利于宽线的组合强化。空间的变化也有一定的规律可循，例如刻画近处墙面时，线可排密或叠加，刻画远处墙面的时候可以稀疏排列。当然，这只是众多方法之一，我们还可以采用远深近浅的方法。但作图时要先画浅色后画深色，在阴影或暗部用叠加方法分出层次及色彩变化。马克笔的灵活运用可留下一些漂亮的笔触，以增强生动性。在大块面确定后，再用较鲜艳的色彩画出视觉中心部分，活跃画面。因马克笔难以修改，也不宜反复涂改，所以用笔力求准确、生动，心中有数。有时可运用蒙版法技术遮挡亮部，以免基部不整洁。在大调铺好后可用水溶性铅笔作细部刻画以弥补马克笔之不足。

（4）电脑制作效果图

随着时代的进步，高科技的发展越来越突出，在人们生活中所起的作用越来越明显。例如，电脑图形和多媒体技术作为一种全新的视觉媒体，集图形与图像、平面与立体、动态与静态、音频与视频等多种媒体功能于一身，为人们提供了不同于纸上的一种全新作图方式，不仅为艺术家提供了一种前所未有的艺术表现形式和空间，它的表现语言更使设计师的想象和创造游刃有余。电脑的辅助设计对于建筑室内效果图表现而言已经成为一种不可或缺的高科技手法。电脑设计具有几何模型和透视关系精确无误、光照真实感强、调整灵活、输出媒介类型等特点，有着传统表现技法不具备的先进技巧，尤其是三维动画设计在三维空间中增加时间空间更能完整表达设计师的思想。

在三维建模过程中计算机的应用最为频繁，配置要求很高，需要有大量的磁盘储存空间。

在运用软件绘图前应对各种软件的系统配置及相关问题做一番了解和认识，以便在以后能正确使用。

室内效果电脑渲染图表现大体分为建模、透视图渲染和三维动画设计三个阶段，下面我们就来具体看看室内效果电脑渲染图是怎样制作的。

①三维模型的建立。三维模型的建立主要包括室内空间模型的建立和室内陈设模型的建立两方面内容。室内空间模型的建立，在建筑设计的基

础上，按照空间处理的要求对空间围护体的几个界面。室内陈设模型的建立，主要是建立室内家具、设备、照明灯具、陈设艺术品等三维模型。

②透视图渲染。在 AutoCAD 建模生成的三维模型文件可调到 3DS 或 3dMAX 中作材质贴图，做出逼真的室内效果图，再把做好的图调到 Photoshop 中进行艺术处理，使环境气氛渲染更真实。

③三维动画设计。三维动画设计可以解决室内设计四度空间概念提出的各种问题。设计师可以模仿一个观者行进在室内，体验连续的视点变换效果，全方位地展示设计，令观者更加完整地领会设计构想。

三、方案表现程序

在对设计方案进行表现时，具体可以遵照以下程序来进行：

（1）提出可行性研究报告

根据可行性研究报告进行方案实施计划。

（2）绘制平面图

平面图是其他设计图的基础，采用的是从上向下的俯瞰效果，如果同空间被水平切开并移除了天花或楼上部分。平面图可显示出空间水平方向的二维轮廓、形状、尺寸以及空间的分配方式、交通流线，还有地面的铺装方式、墙壁和门窗位置，家具、设备摆放方式等。

平面图一般将功能与形式设计框架布局、方案设计的空间层次序列、组团区域划分和空间重点设计等画出来。一般比例为 1：100 为宜，总平面分析图可适当加大比例到 1：300—1：500 均可。

（3）绘制吊顶平面图

吊顶平面图是绘出空间的使用功能与艺术造型变化、高低错落等，还有与建筑的标高关系，电器灯饰等的基本要求。一般比例为 1：100 为宜。

（4）绘制立面图和剖面图

立面图用来表达墙面、隔断等空间中垂直方向的造型、材质、尺寸等构成内容的投影图，通常不包括附近的家具和设备。剖面图与立面图比较相似，表达建筑空间被垂直切开后，暴露出的内部空间形状与结构关系。剖切线应该选择在最具代表性的地方，并在平面图标出具体位置。立、剖面图的绘制是在平面图的基础上，画出立面艺术造型、标高尺寸、功能与造型等，至少将主要立面画出来。它们的绘制一般都是合而为一的，一般比例为 1∶100 为宜。

（5）绘制构造大样图

构造大样图样涉及材料与构造做法，一般是按照 1∶10—1∶20 的比例将主要的做法节点图勾勒出来，以便更好地理解方案意图。

（6）方案文本文件

是对方案设计的全面了解和概览，从方案的地域环境、功能与使用到细节艺术与技术表达，都要尽量用文字表述出来。例如，意象创意亮点，功能特征体现、采用新技术、新能源、绿色生态设计等可行性研究。

（7）效果图表现

从更多的角度观察、讨论和研究设计内容。

（8）对设计方案进行展示

在现在这个多媒体发达的时代，常用的方法就是通过 PPT 动画演示等方法来对设计方案进行最直观的展示。

四、方案表现效果

（一）设计构思的再创意

在设计的开始阶段，室内建筑师主要是同建设单位人员对环境进行分析、研究了解使用者的意图、投资情况等，搜集有关资料和数据。

正确地把握设计的立意与构思，在画面上尽可能地表达出设计师的目的、效果，创造出符合设计创意的最佳情趣，是学习表现图技法的首要因素。因此，我们必须把培养这种能力作为目标，提高自己的创造性思维能力和深刻的理解能力，进而不断提高自身的文化艺术修养。

设计师在绘图的过程中，往往会注重表面形式上的内容。例如，他们会对形体透视的艺术和色彩的变化津津乐道，而忽略设计原本的立意和构思。这种缺少整体概念设计的表现图，不仅不能体现他们所要表现的形式美，反而容易显得平淡、冷漠，不能通过画面传达设计师的感情，也达不到激发建设单位和使用者情绪的效果。所以，画者无论采用什么样的技法和手段，无论运用哪种绘画形式，画面塑造的空间、形态、色彩、光影和气氛效果都是围绕设计的创意构思所进行的，不能忘记设计的立意和构思，如果失去中心思想，设计就容易显得空洞无味。

（二）丰富的艺术内涵

效果图的思考草图阶段要有丰富的艺术内涵，效果图的创作，不是一个简单的绘画过程，而是要经过创意的过程分析。从设计到表现，材料与质感、主体与配景的再创意等都是不可忽略的重要部分。设计师在设计过程中的各个阶段都可能画出一些所需的效果草图，这些草图不仅有平面、立面的布置与设计，同时也常常利用具有透视效果的空间界面草图进行立体的构思和造型；运用的工具有时也不止一种，常用的有钢笔、铅笔、马克笔等，有时甚至会混合使用。这些草图所勾勒直观的形象构思是设计师对方案进行自我推敲的一种语言，也是设计师相互之间交流、探讨的图纸语言，它有利于空间造型的把握和整体设计的进一步深化。它的表现手段讲求精练、简略、快速、生动，表现风格强调个性化、人文化。

效果图经过无数次草图的否认与修改过后，会进行一个定稿，效果图到了定稿阶段要求画面表现的空间、造型、色彩、尺度、质感都应准确、精细。为此多采用表现力充分、便于深入刻画的绘图工具和手段，比如水彩、水粉、喷笔以及多种技法的混合运用，表现风格更多地强调艺术创意美感。

（三）方案初步确立

基本平、立面布局以及效果图确定后，要共同与建设单位、主管部门确定方案。并做出方案计算造价量，提供主要材料样板。还要与其他专业互通、共同商讨最终方案的确定。

这个过程就是在确定方案后的扩大初步设计，并与有关部门深入研究，确定调整后的方案设计图，提供给相关专业，以同时协调进行下一步工作程序。方案确定后就确立了实施的综合条件，就可以将平面图、立面图、剖面图及构造大样图图纸深化，进行完整的施工图设计了。

第五章 室内环境艺术设计的应用

本章讲述的是室内环境艺术设计应用实践，主要从以下四方面进行展开论述，分别为展示空间设计概述、展示空间项目案例分析、现代化办公空间设计概述和现代化办公空间项目案例分析。

第一节　展示空间设计概述

一、展示空间的基本特征

（一）多维性

在一般意义上，人们认为的静态空间就是我们常说的"三度空间"，主要包含长度、宽度和高度这三大元素。但是，随着时代的发展和人们思想的解放，社会民众开始意识到要从不同角度看世界，人们观察事物的视点也开始发生移动，从而能够实现对空间的感知更加完整，由此我们也可以说增加了第四维度的空间，那就是时间。因为，只有在观察和设计空间的时候将时间因素考虑进去，才能做到对空间的全面感知，这样的空间元素才是最为完整的。毫无疑问的是，空间本身应该是一个统一结合体，而时间在其中起到的作用就是衡量时间的变化，换句话来说，就是展示空间本身应该是在集合了三度空间的基础上又加入时间元素的多维空间，随着作品情感与观赏人情感的变化，自然空间也会随之发生改变，观赏者在情感的动态变化中体味艺术的魅力，感受多维空间本身的节奏变化。

（二）多样性与组合性

众所周知，展示空间主要存在的目的就是展示作品，但是因为展示作品本身的差异性和展示性质的不同，使得最终呈现出的展示效果多姿多彩、千姿百媚。对现代展示空间的设计来说，我们主要从以下三大方面来说：分别为展馆建筑的规划组织、展馆建筑周围空间的设计规划和展馆室内空间的设计规划。现如今，因为文化全球化趋势的影响，设计师们也接纳了来自众多其他国家的设计思维和理念，同时我国的科学技术水平也在不断提升，开始有众多新兴技术应用到了展馆建筑和室内空间的设计中，也由此我国有许多城市都是将展馆建筑作为一个城市的重要地标和"名片"的，如南宁国际会展中心的标志性建筑造型。

（三）开放性与流动性

所谓展示空间的开放性，指的是展示空间本身面向的群体是广大群众，而展示空间本身的存在目的不仅是展示作品而已，也同时为观赏者提供了交流信息的空间和渠道。以往，展示空间都是相对私密性较强的，同时还是封闭式空间，但是到了现在，除了必须存在的"围栏和遮挡"外，设计者和观赏者更倾向于在宽敞通透的空间内欣赏艺术作品，由此看来，以往封闭式的展示模式必须有所改变，同时还要满足人们对信息交流空间的基本需求。目前许多重大历史和文物价值的场所面临开放性与保护性的矛盾，如何用现代化科学技术手段来平衡这一矛盾，最大限度地实现让更多的观众"实地体验"的开放性要求，是现代展示的重要课题。

展示空间的流动性是指展场馆内由人和物构成川流不息的空间，它需要用时间的延续来展示空间的变化。设计师要善于分析观众的心理，展示合理的空间规划、展区分布和参观线路，使观众在流动中有效地接受特定的信息，方便介入展示活动。

（四）追求效率的多功能性

展示空间追求效率的多功能性是指现代展示活动的综合功能，要求展示场馆成为集展示、交易、信息交流以及会议服务、公众生活娱乐等功能为一体的综合多功能群体空间。现代快节奏的生活使得人们的时间观念更强，更追求效率，要求空间的组合布局更合理，人流分布畅通，交通顺畅。面对居高不下的馆租和展位费用，讲究空间的利用率也提高了资金的使用效率。

二、展示空间的基本分类

（一）常见展示设计的类型

1. 展览会、博览会展示

数十家或数百家单位联合举办的展示会，一般具有明确的展览时间性和季节性，属于短期展示。展览会包含的内容涉及社会的各个方面，包括各行各业的展览推广活动（商品、企业、文化、教育等）。世界性博览会在许多国家都举办过，包括的内容也更加丰富，如 2000 年在德国举办的汉诺威世界博览会。

2. 博物馆展示

博物馆展示的主要特征就是固定性和长期性，同时博物馆内的展品往往都是具有很高历史价值的，如珍贵的历史文物和艺术品等，这些文物中也往往蕴含着深刻的历史和文化内涵，多代表了不同历史时期的重大历史事件。

3. 橱窗展示

橱窗展示的目的就是营销，是商店采用的一种售卖手段，为保证消费者能够清楚不同商品的特性和使用特点，同时也为了突出不同类型商品的优势，店家会选择在橱窗内展示，是为了方便消费者进行了解的一种宣传形式，也是在众多商品营销手段中最常用、最重要的一种。

4. 购物环境展示

所谓购物环境，一般指的就是以商业销售为目的的一类售卖空间，如商场、超级市场和售货亭等都属于购物环境的大范畴之内。在设计购物环境的过程中，设计师主要考虑的就是将商品陈列展示，使消费者能够更加直观地看到商品本身，同时还可以充分借用灯光和道具等进行设计改造，以突出不同商品的形象特征，从而为顾客和店家都营造出良好的消费售卖环境和空间。

（二）展示空间设计的分类

1. 布展空间

在设计理论中我们经常提到的"布展空间"，其实指的就是实际展品陈列摆放的空间，也是我们视觉上能看到的空间主体部分。一个展览空间能够抓住观赏者的眼球，能够获得一定视觉效果和经济效益，布展空间在其中发挥了相当关键的作用。设计布展空间时的一大难点就是处理人与空间之间的关系，既要保证人在观赏的过程中获得较好的视觉和观赏体验，同时也要考虑到人的生理因素，保证展品不受到损害。

与此同时，在保证人流集散基本要求的前提下，如何为观赏者们提供一次难忘的观赏体验，是设计师在进行布展空间设计时的重点所在。

2. 流动空间

一般来说，我们会将流动空间也称作共享空间，这部分空间环境主要是用作观赏者的休息和通道空间的，如走廊和休息间等，是公共活动的空间环境。流动空间的设计要点有：

（1）根据调查资料，合理估计游客高峰时间段和具体的高峰人流量，对游客的游览形式有基本了解，对他们在游览过程中的一些经常出现的行为也要做到心中有数，要为他们设计出合理的空间，如交流谈话等。

（2）根据不同展品的形式和性质，要为它们安排合适的陈列展览形式，如平面还是立体、演示还是摆设等，这样也方便设计者对人与空间环境本身之间的关系进行合理掌控。

（3）在设计时，要注意到不同类型展品的最佳观赏视域和视角，以及观赏者本身与通道空间的联系，以避免在一些作品前过分停留，造成人流堵塞的情况。

（4）根据展馆内的实际情况，设计科学合理的游览路径，这就可以在一定程度上帮助游览者减轻游览负担，避免出现重复的情况，这也是有效利用时间的一种方式方法，如一些过于弯曲复杂的路径会为游客造成疲惫感，造成不好的游览体验，这也是我们不希望看到的。因此，游览线路的设计形式会为不同的游客造成不同的心理感受。

3. 辅助空间

（1）接待空间：这一空间主要是供观赏者与展商进行交流与讨论的空间，这一空间也是设计师在布展时应该考虑到的。

（2）工作空间：这一空间主要是供工作人员交流和休息的，他们可以在这个空间内交流工作感受和经验，或者在疲惫时进行片刻的休息，也可以整理自己的着装或喝茶等。

（3）储藏空间：这一空间主要是用来存放在展品和宣传册等物件的，同时这里的空气温度和湿度等都要尤其注意，设计师可设计相关设施以供调整。

（三）展示空间的设计地域分类

通常情况下，我们可以将地域空间分为两大类，分别为室外空间和室内空间，但是在实际场景中，我们看到室内展示空间的频率还是更高的。

室内空间可以大致分为固定空间和可变空间这两大类型。其中，所谓固定空间，指的就是从建造主体建筑空间时就已经围合好的固定空间范围，而围合介质主要就是顶棚、天花板和地板，只要建造完成，空间的大小和范围是很难改变的；而可变空间，指的是采用其他不同的空间分隔形式进行空间划分，如隔板、隔断和道具等，同时因为这些东西的位置是可以变化的，因而通过这种方式变化出来的空间也被称为是可变空间。

根据分割方式不同，我们又可以将室内空间大致分为实体空间和虚拟空间这两大类。对实体空间来说，它具有更为清晰的分隔界限，同时这类空间所具有的私密性也是较强的，通常会采用实体墙或是隔断来做侧界面空间。而对于虚拟空间来说，它包含的范围始终都是比较模糊的，可以说是在实体空间范围内的一种空间类型，因而也被叫作是"空间里的空间"，如果将实体空间内的顶棚或天花板去除，那么就与虚拟空间十分相似。从某种形式上来说，虚拟空间就是存在于实体空间中的，但是因为其本身又具有相对独立性的特征，因而我们也可以将其称为是"心理空间"。除此之外，换用其他的分类方式，我们也可以将室内空间划分为敞开空间与封闭空间两种，或者将其分为动态空间和静态空间等。

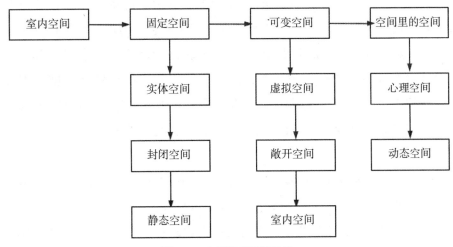

图 5-1　空间关系网络系统

由一定形状的界面围合隔绝而成的空间，从结构上说，可分为封闭空间、半封闭空间和敞开式空间三类。封闭空间与外界分隔，是静止和相对私密的空间。敞开式空间给人的心理感受是动态的、开放的。半封闭式空间属于中性空间，介于封闭空间和敞开空间之间，通常通过一些半通透式的隔断或虚空架构来限定空间。各种不同形式的空间，势必给人产生不同的感受。从空间给人的感受来说，空间有庄严型、愉悦型、忧郁型等；从空间形态分，有方体、长方体、方锥体、圆锥体、半球体、球体、圆柱体、马鞍形、扇形、不规则形等。

三、展示空间设计的基本程序与步骤

一个展示活动，可能是经济贸易的、科学技术的、文化艺术的，类型不同，规模也不一样，因此设计程序有大同小异之区别。但是，通常情况下，从展示设计的开始到结束，会经历非常多的阶段，可以概括为三个阶段，分别为设计的前期工作、具体设计过程和最后方案的落地施工。其中，展示设计前期工作主要进行的是策划和筹备，而这部分的最终成果会以文案的形式提交到有关部分进行审核，这也是后期开展具体设计工作和设计方案施工时的重要依据和材料。展示的总体设计及各阶段的设计主要在于展示的主题和内容赋予有感染力的、艺术性的表现形式，是设计方案形成和设计意图等形式的艺术和技术工作的过程。在设计方案通过主管部门审批后，还要为施工部门提供详细的施工图并配合施工部门完成施工计划的实施。其实上述工作并不是截然分开的，在大多数情况下需要互相交叉、彼此合作，是互为联系、互为依存的整体。

展示空间设计各个步骤阶段是需要设计师循序渐进完成的，不可跨级完成，如果基础没有打牢，那么最后我们也很难看到好的设计结果。另外，在设计的实践过程中，我们也是有可能会出现设计环节循环进行的情况，最终的目的都是将设计方案更加完善、完美地呈现在世人的面前。

（一）技术资料和设计依据的搜集

为保障后续的方案设计环节能够顺利实施，我们要求设计师在开始正式的设计之前必须对设计场地和技术等有基本的了解，能够身临其境地去感受现场设计基址的情况，以获得第一手的设计资料。

（1）能够对设计现场的情况了如指掌，除了能够解读最基础的建筑设计图样外，还要参加现场的实地勘测活动，将建筑图样上的数据与实际的测量数据进行核实比对，另外对设计现场的各类设施都能够做到心中有数，如消防设施、配电室和照明设备等等。

（2）设计师还要对展示作品的内容有深入了解，如作品性质、尺寸和尺寸数据等，这些都是十分重要的。作为设计师，也要对各种材料的特性和使用方法能够了然于心。

（3）查找相关设计方案。包括国外的优秀案例，近期同类展示方案的特点，以备借鉴。

（二）绘制草图

经过技术资料和设计依据的搜集后，根据自身展示内容的特点，用草图的形式绘制方案，其中包括平面图、立面图、简单透视草图等。草图方案不怕多，要反复推敲，设计师要善于捕捉自己的灵感，最终确定一两个方案进行审定。

（三）设计正稿

当草图方案通过审定后，就要正式绘制施工方案图了，其中包括：总体展示平面布局示意图、展示空间设计图、展示空间色彩效果图、空间照明设计图、版面设计示意图、展示立面示意图、展示道具设计图等。

（四）制作方案模型

现在的设计方案大多采用了三维软件，甚至包括动漫，具备较好的设计视觉效果，但制作模型是一个较为直观明了的手段，它能直接体现现场效果，表现质感，便于方案的最终审定，是图纸不可代替的重要表现形式。所以在模型的制作中，特别注意材料要尽量接近方案要求，制作工艺要精细逼真，哪怕是概念化的模型，材料和工艺更要讲究。

（五）方案的修改和调整

一般来说，经过审定的方案调整修改幅度不会很大，但不排除大的改动，甚至推翻重新设计的可能性。方案不怕改，每个设计师都要有这种思想准备。

四、展示空间的整体与局部规划设计

（一）整体与局部规划

1. 大中套小

"大中套小"指的就是在较大的展示空间内套入小空间，这是一种十分常用的展示空间设计手法。这种设计手段的使用条件是，大空间内分属的各个小空间都应当是隶属于同一主题的，也因为大小空间中的展品有主次之分，我们认为通常小的展品是更为精致的。

2. 空间互为重叠

"空间互为重叠"，指的就是多个（两个及以上）空间交叠相错的一种设计手法。同样，这也是需要其中各个设计空间主题是相关的，游客在展示空间内穿梭时是能够将不同的小空间在思维和形象上串联起来的。

3. 空间共通连续

"空间共通连续"这种设计手法应用时，往往各个展示空间的展示内容之间是不存在相互关联的。但同时，又因为过于清晰的展示界限在设计场地中是不被允许出现的，因而我们就会采用一种柔和的设计手法进行空间之间的过渡，以此来达到不同展示设计空间之间的信息交流和传递。

4. 空间相邻接

"空间相邻接"的设计手法，主要指的是将不同的空间紧紧连接在一起，但是不同的空间是采用鲜明的分隔设计手法的，这多数适用于比较型设计产品的展示，如相同主题却来自不同品牌方、具有不同特色的展品。

（二）区域划分和展示空间配置

一般来说，在设计师已经确定大体的设计场地面积和布局方式后，然后就可以对展示空间划分和配置了。我们常说的"区域划分"，指的是在一个大的展示空间内，根据不同展品的展览性质和需求来安排它们各自的展览面积和方式，而我们在进行展览空间区域划分时，主要考虑的是各个空间之间的占比关系，如布展空间与工作和休息区域等之间所占的比例。

其实，展示空间具有的功能性是非常丰富的，如演示区、交流区和储藏区等。但是因为各个空间性质不同，使得我们在进行区域划分时要充分考虑到不同空间之间的流向关系。在确定基本布局方式的基础上，我们可以将不同的展示区域进行重要程度的划分，以此为基础来进行更细层次的分类，如展示区必定在这个展示空间中占有的是最重要的位置，但我们要同时考虑到工作人员和游览者在实际的参展过程中的流通情况，以在保证展品安全的情况下确保游览者能够"不走回头路"，由此获得较好的参展体验。

对于设计过程中的所涉及的展示面积与流通面积之间的关系，我们通常会根据具体的展示内容和观众人流量等多因素综合考量后来确定。划分展示空间时，将展示面积划分为通道面积的约 1/3 左右。假如是观赏性质较强的美术展，我们一般会扩大通道面积，将其设置为展览面积的 4 倍左右；对那些专业性质较强的贸易型展览来说，我们一般就将展示空间中的展览面积与通道面积划分为大致相同的比例，或是 1:2；而当展示空间中存在体型较大的展品时，我们为保证人流的顺利通行，会将通道面积设置得更大一些；而对那些需要游览者细细观赏的小巧精致的展品来说，我们会有意缩小通道面积，以为游览者提供近距离观赏这些展品的机会和空间，同时休息区域划分也并不是非常死板，是可以根据实际情况灵活变化的，这样也可以达到缓解游览者视疲劳的目的。

（三）展示空间平面规划的要点

（1）展示空间的总体设计平面方案应该是在遵循总体设计原则的基础上完成的。例如，展示空间的整体设计风格和形式都应当与细节的道具设计和色彩搭配等是统一的。

（2）对更为具体的展品的陈列摆放，我们应该时刻注意到不同展品之间性质的差别，按照总的设计原则和平面规划方案来安排具体的展品摆放位置和形式。

（3）从人的生理角度来说，人往往都是有固定的行走习惯和视觉习惯的，那就是按照顺时针方向移动。由此，我们在安排展品时，可以遵照人类的这种习惯性的行走方式来合理安排陈列主题和展品位置。

（4）对那些体型较大需要妥善保存的展品来说，因为需要设备的帮助，一般将这些展品陈列在地面上，也是为了方便管理设施的配套情况，同时也有了最佳视域，方便人们的观赏。

（5）设计师对不同展览空间内的每日人流量要做到心中有数，对那些有特定喜好的游览者也要有所偏倚，以满足不同类型人群的个性化特征。

（四）展示空间平面规划的方法

1. 线形布置法

所谓线形布置法指的就是将展品按照场地边缘线摆放，自然这里的"线"指的就是展览空间的边界线，这样形成的展览路线会更为清晰、明了，而这种设计手法通常会出现在美术馆或博物馆等一系列展览建筑空间内。最终形成的，一般会是串联或并联的参观动线。从人游览的角度来说，通常人们采用的观赏视角就是"从中心向四周"。我们可将线形布置法分为以下几大类型：分别为甬道布置、环形布置和贴墙布置等。需要注意的是，因为甬道本身会出现较大流量的人群，因而只有在本身宽度较宽的情况下，才可采用此种布展方式。

2. 中心布置法

对那些在展览会上有精品或是重要藏品需要展示的时候，可以采用"中心布置法"，就是将这些需要重点展示的展品放在展示空间中央，也可以将其称作"中心展台法"。一般来说，采用中心布置法的场地一般都是以几何图形居多，如圆形、三角形和多边形等。对这样的场地，游人的参观动线都是多条的，是相互交叉的，最终呈现出的动线形式就是放射状和向心状的，参观动线也不一定都是直线，也可以是曲线。一般来说，我们通常会在比较大型的展示空间内运用这种设计手法，这样游览者们就可以花费较少的时间对展品进行多方面的参观和展示，以此来达到信息传递的目的。

3. 散点布置法

采用这种形式布置的展示空间或是由多个展体构成，在特定的排雷组合形式下，采用对比、重复或渐变等形式对展品进行陈列组合摆放，最终形成大小面积大致相等，具有活泼节奏感的展示空间。从某种程度上来说，其实散点布置法就是上述中心布置方法的一种延伸。这种展示方式就是将那些可供多角度、多层面观看的展品采用组合形式分散布置在布展空间，展示方式并不是固定的，设计师可以灵活变通，为观赏者创造出活跃轻松的展示空间。

4. 网格布置法

这种网格布置方法多是利用标准展具来形成的，同时空间分割形式也会严格遵循一定的比例关系，是按照一定顺序排列组合而成的，这种展品布置方式经常出现在经贸商业类的展示空间中。其实，在一些比较大型的国际展会上，我们也会经常看到这类展品布置形式的出现，展品都是摆放在标准的摊位上，同时通用化的展具也经常出现在其中。这一展示空间平面规划方式能够在很短的时间内实现布展和撤展，同时在规定的空间内设计师也可以充分发挥自己的创造性思维，采取各种个性化的设计方式。

（五）展示空间流线设计

1. 展示空间流线设计要求

（1）展示空间的功能流线设计

因为各类展示空间的性质存在不同的差异，展品内容、规模、形式等也会有所不同，在一般情况下，我们都可以将一个展示空间大致分为以下几部分内容：展览区、通道区、休息区、工作区、储藏区和后勤保障区等。这几部分内容虽相互独立，它们之间也是存在某种紧密联系的，如果设计师能够将这几部分空间处理得当，合理规划好游人游览路线，那么自然就会产生非常好的展览效果，这也是我们期望看到的，但是如果游览路线杂乱、交叉现象明显，就会在展览过程中发生人员拥堵的情况，在人流量过大时还可能会发生踩踏事故，甚至可能会造成人员伤亡。

（2）观众流线控制设计

对展示空间的设计来说，观众游览动线的控制是非常关键的，关系到最终能否获得较好的展览效果。

①流向控制

通常情况下，观众对展览方向和顺序的选择，大多数还是与自身喜好和习惯有很大关系，还有另一方面的主要影响因素，那就是布展空间本身的封闭和开敞程度。往往在进行具体的展示空间设计时，对那些主题性较强的展品，或是需要采用顺序摆放的展品，我们都会将其放在封闭性较强的空间内，游客们只能选择在一个入口进，而从一个出口出，是十分固定的。如果这时候出现观众对这部分展品不感兴趣的情况，那么他们也无法改变游览方向，只能在这时选择加快速度前进；如果针对这种情况我们采用开放型布局空间的话，这样观众在参展过程中也会更加灵活，有更多的选择方式和余地。

②流量控制

对观众流量的控制方式，设计师要清楚，人们是很容易在空间较大处进行聚集的，因而控制展览通道的宽度就成为一个很好控制人流量的方式。对展览空间中需要重点展示的展品，设计者可以在这样的展品前流出较大的展示空间以供人员观赏，而对那些非重点展出展品，我们可以适当缩小展品前的通道宽度。

③流速控制

与观众人员流量控制相同的是，观众流速控制也可以通过调整展品前的通道宽度大小来实现，或是增强本身展示空间内导向空间的刺激程度，这样就可以帮助观众不断向下一个展品出流动，而不是在一些展品前发生大面积聚集的情况。

2. 参观线路制定

对一部分展览来说，这里的展示空间仅仅运用单体形态就可以完成展示目标，但是现实情况却是，多数展示空间都是有多个单体形态空间构成的，这样就要求设计师必须具备良好的空间组合和序列设计能力，最终使得这些单体空间之间构成某种联系。而这种联系并不只是体现在形态外貌上，最能体现各个单体空间之间联系的就是观众游览动线的设计。在好的参观动线指引下，观众可以在非常轻松愉悦的氛围和环境下完成整个参展过程，不仅不会出现人流拥堵的情况，还可以在有效的时间内完成整个展览过程，获得较好的参展体验。

通常情况下，我们在设计展示空间的游览动线时，主要考虑的就是观众的体力和展览主题等因素。假若展示空间游览动线的设计不合理或不科学，这样不仅会消耗大量游览者的体力，甚至他们无法完整参观展示空间，这样的参展效率是非常低的。由此看来，在展示空间的设计过程中，游人参展路线的设计其实是非常重要的。因为本身展示空间是具有非常强的时间属性的，是一个四维空间，观赏者从入口进入展示空间开始，他们每走到一个段落都应该获得不同的体验感（图5-2）。

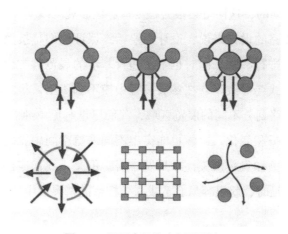

图 5-2　展示空间线路布置图例

（1）直线线路

直线线路指的是我们常说的"穿越式线路"。当设计这样的参展动线时，我们通常会将单体展示空间的出入口设在空间的前后两侧，这样观众都会从一个入口进入，不论在空间内的流动方向是怎样的，最终还是会从另外一个出口向下一个展示空间移动，不会出现"走回头路"的情况出现。往往我们认为这样的流线设计是更适合较为狭长的展示空间，而展品则主要会靠空间的边缘线处摆放，人流一般情况下不会有太大交集，这也是一种简单常用的观众游览动线设计手法。

落实到平面规划布局上，直线线路可以大致分为两种情况：其一是对称布局，虽然这样的平面空间规划方式更加简单明了，但因为过于直白，使得空间规划略显呆板；其二是非对称式的布局方式，这种布局方式会显得空间排布摆放错落有致。

（2）环线线路

在一些三面围合的空间，我们经常会发现，一些空间出入口是在同一侧的，因而这就导致观众在游览的时候势必要出现环形流动的趋势，这样就会造成空间的布局方式较为复杂。对观众来说，他们心中的理想出参展路线就是能按照一定顺序参观完全部展品，同时观众始终围绕中心和重点展品来进行流动的，这样就会很大程度地避免参观动线交叉的情况的发生。

对环线线路的设计来说，设计师要始终保证他们是按照文字横排的形式由左到右来进行参观，同时也不能违背基本的展览脚本设计形式，忽左忽右的设计形式会导致观众在参展过程中摸不到头脑，很难产生较好的体验感。通过线路划分不同的展览区域，我们尽量避免单纯的直线参展模式，要有必要的转折和变化，这样也能突出不同展览空间中主题的变化，使观众的注意力和关注点更加关注于展览本身。但是，我们应注意的是，当展览通道宽度不足时，就很容易会造成人员拥堵的情况发生。

（3）自由线路

当出现整体展示规模较大的情况时，我们一定要给予游客更高的自主选择度，让他们可以自由选择多种参观路线进行参观。通过研究发现，在一些十分大型的展会上其实都是没有设置固定的参展路线，仅仅有出入口和必要位置的导向面板而已。在这样的情况下，工作人员并不会对观众的游览路线进行过多干涉，这是因为在大规模的展会上因为展品本身的复杂性和观众兴趣爱好的不同，如果对其过多干涉，这样对观众体验感的获得是十分不利的。

第二节　展示空间项目案例分析

一、中国甲午战争博物院布展设计

（一）项目概述

中国甲午战争博物院是以全面展示北洋海军兴衰和甲午战争历史的纪念遗址性展馆。博物馆展陈内容，包含北洋海军、甲午战争历史史料陈列展示与北洋海军、甲午战争历史遗迹原状复原展示两大板块。而甲午战争史实展陈列馆是集中展示甲午战争历史史料的专题场馆。陈列场馆是将原甲午海战馆改造成甲午战争博物馆陈列馆，陈列馆建筑改建总面积 7600 平方米，陈列布展面积 4000 平方米。

陈列馆工程项目的改扩建设计内容主要包括以下几部分：

（1）对原建筑室外广场设计。

（2）室内布展从原有的甲午海战这一专题展览扩展为全面反映甲午战争历史的陈列。

（3）在现馆南侧增扩了辅助性服务区及一个临时展厅。

（4）对现有建筑外立面及周边环境进行了整合性设计。

《国殇·1894—1895——甲午战争史实展》的陈列布展，从设计到施工完成历经两年时间，在设计与布展的各个阶段，建设方的有关领导、专业人员以及国内相关的陈展专家和学者，给予了多方面的指导，才使得设计方案得以不断完善、深化和实现。

（二）博物馆的改扩建形式设计创意及理念

1. 鲜明的展陈主题表达和独特的馆陈个性彰显

甲午战争博物馆能给观众什么样的启迪和精神体验，对陈列馆基本陈列主题和空间属性的准确表达与诠释，是设计者在形式设计中重点关注和予以解决的问题。

设计过程中始终遵循的指导思路是：既要全面客观地展现甲午战争惨败国耻这一重大历史史实，深刻揭示"落后就要挨打，腐败必然灭亡"的历史教训；又要弘扬北洋海军爱国将士和广大民众在抵御外敌的战争中，表现出来的民族气节和爱国精神。

为凸显本馆独具特色的馆陈个性。设计师选取了舰船管网、舰体甲板、舷窗、揽桩以及海岸层岩、陆岸炮台等设计语素，作为展陈空间、立面展墙、展厅吊顶的装饰饰面肌理、材质贯穿整个展馆。同时，展馆深灰色和铁锈色的空间基调，凝重而惨烈的战争氛围的营造，进一步烘托了军事战争类博物馆独特的空间属性。

设计师还适度地运用了现代高科技手段和艺术手段，将抽象的主题和战争的史实内容直观形象地展现给观众。

2. 现代多媒体技术和艺术手段的合理运用

现代展陈设计强调观众的情感体验和参与性。在展厅空间和场景的设计中，适度地运用了绘画、雕塑、场景复原、视频影像等多种展陈手法来强化主题、再现历史真相，利用典型的空间场景还原定格历史的瞬间。如互动感应式甲午战争形势图、左宝贵血战玄武门场景、陈京莹家书复原场景、金州曲氏井复原场景、马关谈判写实人物塑像复原场景、黄海海战三维影视、旅顺大屠杀大型浮雕、威海卫保卫战半景画多媒体复合场景以及《七子之歌·威海卫》多媒体合成视频等。

这些艺术场景给观众多感官的空间体验和身临其境的临场感，使观众对陈展内容易于接受和解读、不仅增加了可观性，而且提升了博物馆的展陈艺术品质。

3. 开放式的文物陈列设计

充分发挥武器装备可触摸的特点，把与文物相关的历史背景史实资料串接起来，扩大陈列内容的涵盖面。以开放式、半开放式的陈列形式，让观众与陈列文物产生直接的、情感上的对话。设计中我们还注意挖掘文物内涵，将文物置于产生的历史环境中。例如，围绕《经远二副陈京莹的一封家书》这一展陈内容，将当时北洋海军舰上的生活场景进行复原，并将吊床等陈列文物置于其中。文物、雕塑、真实场景复原的有机融合，易于引发观众的参观兴趣。

4."以人为本"的设计理念

在展陈设计中强调对人的关怀与关注，其本源就是一种深厚的人文精神，是博物馆深厚文化内涵的外在体现。陈列设计从关注人性的角度出发，通过先进的互动展示形式，完善的陈列设施和人性化的空间创造，来满足不同年龄、不同层次观展者的不同需求，处处体现出浓厚的人文关怀。比如，在展示陈列手段上，我们基于现代人的观展需求，摒弃传统的平面化、静态的线型陈列。通过开放式、半开放式的文物陈列展示格局，交互式、场景式、参与式的陈列空间设计，以及触摸屏、垂直投影、电子翻书、自动视听等多媒体技术、网络技术、现代声光电技术的综合展示手段，实现观众与陈展内容的深度互动。

在博物馆的服务功能和设施完善方面，增设了残疾人专用电梯，观众休息区，并对旅游产品开发等商业性服务空间和配套服务设施加以完善和拓展。使陈列馆成为集参观、休闲、旅游为一体的文化消费场所。

（三）博物馆外环境的整合设计

依据该馆观众人流量大的实际现状，设计师对室外广场进行了适度的改扩建。在博物馆外环境的改扩建设计中，通过增设亲海性的叠级台阶和一组极具视觉冲击力的沉舰舰体主题雕塑《海魂》，将广场空间与建筑形态及北洋舰队停泊水域衔接起来，进一步凸显出甲午战争史实陈列馆作为刘公岛地标性建筑的地位。

在扩建后的广场空间中，由大门入口广场景观、"守望海疆"的建筑主体形态、广场大型沉舰造型铸铁主雕《海魂》及建筑二层平台的《甲午战争》主题浮雕墙，构成一个渐进式的烘托甲午战争历史氛围的序列空间，形成一条引导观众进入室内展陈空间、由外至内逐步递进的观展路线。同时，作为陈列展示的有机延伸，沉舰舰体的广场雕塑与展馆序厅中的沉舰舰首主雕构成呼应,使展陈主题空间向外部环境空间拓展、渗透。从而实现从外部环境到展厅环境的过渡,设计中我们充分考虑了博物馆室内展陈与建筑形态及外部环境三者之间互为依存的关系,避免三者间的分离、冲突与对峙。

(四)展陈空间设计

陈列布展结构以战争发生的历史进程为脉络,以时空转换为经、历史事件为纬。在表现宏观历史进程的同时,又关注历史人物的命运,以史先行,以小见大,以情感人。

展陈设计采取了见事见人的表达手法,通过历史文物、历史照片、档案等史实文献的陈列,以及运用油画、雕塑、模型等艺术手段再现的历史场景,来真实、生动、客观地反映甲午战争这段惨痛的历史。既表现清朝统治者的腐败无能,也表现爱国官兵的浴血奋战;既表现军人为国尽忠的爱国情操,也表现普通民众不甘遭受凌辱、自尽守贞的气节;既表现惨痛屈辱的家国悲情,也表现奋起抗争的民族精神。

针对该馆旅游旺季观众瞬间超大流量的突出特点,设计充分利用展馆大跨度、高举架的建筑空间,为观众预留宽大观展空间和大件文物陈列区。按照人体工程学原理,设计中我们对标题版、图文展板高度和说明文字进行了适当的放大,使之与立面展墙尺度相适宜。并通过对展墙立面造型和展厅天花顶棚的艺术设计,丰富展厅视觉空间层次,创造沉稳庄重、恢宏大气、充满张力的展示空间效果。

1. 主题序厅

序厅入口设计了一面弧形造型影壁墙,有两个功能,一是作为展陈主题墙,二是遮挡来自室外的自然光进入序厅。观众通过高差40厘米的缓坡道进入序厅,序厅中央是一座残舰舰首主题雕塑,耸立于由异型地面投影技术创造出的虚拟动态海水中,与定格于1894甲午年的残缺日晷、岩层肌理造型的背景墙、构成记述甲午战争历史的实证物。设计利用投影技术将甲午战争的历史图片投射于序厅背景墙的岩层肌理上,通过历史图片回放的形式，将观众的思绪带入百年前惨烈的甲午战场。

序厅悲壮、沉寂、凝重的空间气氛，让观众在短暂的瞬间获得深刻难忘的第一印象，从而激发起观众强烈的参观兴趣和欲望。

2. 第一展厅——《甲午战前的中国和日本》

本展厅的陈展内容是甲午战争的时代背景介绍，分为《中国构筑近代海防》《日本蓄谋侵略战争》两个单元，以《北洋海军舰船模型》为展示亮点，以北洋海军成军、中日海军建设截然相反的强烈对比为展示重点。设计着眼于现代人的观展需求，在充分展示现有馆藏大量珍贵文物的前提下，适度地增设了易于引发观众兴趣的展陈亮点，对陈列空间属性的准确表达和基本陈列主题的诠释是本展区予以解决的重点。

（1）《中国构筑近代海防》陈列单元

本展区设计主调气势磅礴，厚重而不失明快，重点体现北洋水师成军之初亚洲第一舰队的雄姿。利用左侧厚重的斜向展板与右边舰船模型展示空间形成开阔的围合空间，比例为1∶20的"定远"旗舰和其余主要战舰模型依次停泊于由声、光、电等现代科技技术创造出的虚幻军港中。展厅中央开放式的展品陈列易于引发观众的兴趣和参与性。

（2）《日本蓄谋侵略战争》陈列单元

采用对比手法，揭示日本侵略野心，强化展陈主题。设计将日寇武力扩张、蓄谋侵略、挑起战争的历史图文资料置于展厅左侧一组犬齿形的灰暗展墙上。与右侧展墙慈禧挪用海军军费修建的颐和园场景形成强烈的视觉反差。通过对比的展陈手法将日本蓄谋侵略、清政府腐败无能的陈列主题形象地揭示出来。

3. 第二展厅——《甲午战争》

本展厅的陈展内容是本馆展示的重点核心部分，分为《启衅朝鲜半岛》《鏖战辽东半岛》《决战山东半岛》3个单元，以《黄海海战三维影视》《决战威海卫半景画多媒体复合场景》《金州曲氏井场景》为展示亮点，以《左宝贵血战玄武门塑像》《陈京莹家书场景》《旅顺大屠杀》以及《丁汝昌殉国塑像》等为展示重点。

本展厅中，我们运用半景画、场景复原、视频影像等多种展陈手法来再现历史真相，通过黄海海战、威海卫保卫战两处重点场景来增加观众的参与性。力求通过典型的空间场景还原定格历史的瞬间，表达出甲午战争凝重而悲壮的空间气氛。

设计中选取了金属板材，舰船甲板、岩石、舱门等舰船形态符号和材质肌理。

4. 第三展厅——《深渊与抗争》

本展厅以揭示甲午战争对中国命运的深刻影响为主要展陈内容。分为《马关谈判》《反割台抗日斗争》《列强掀起瓜分狂潮》3 个单元，以《马关谈判复原场景》为展示亮点。

5. 尾厅

《警钟长鸣》的创意主题与序厅相呼应，尾厅中央具有传统文化韵味的警钟造型，与展厅题字墙、中国海陆疆域图以及体现我国现代海军发展进程的动态视屏墙，共同把"铭记历史、警钟长鸣、强我海防、兴我海权"的设计主题准确地表达出来。

二、荷兰军事博物馆设计

在 2011 年间，Heijmans PPP 设计联盟受邀为荷兰国家军事博物馆打造一个集建筑、景观和室内空间设计为一体的具体方案。而作为 Heijmans PPP 设计联盟中的一员，阿姆斯特丹的 Kossmann.dejong 展览建筑事务所承接了其中室内空间的方案设计。正其事务所的创意总监所说："本项目中不同的事务所各展所长，景观、建筑和室内空间最终交织在一起，创造了一个稳定而和谐的整体关系。设计不可否认地提升了博物馆的使用品质，这也值得其他博物馆设计项目学习。"[1]

该博物馆总计有大约 20000 平方米的面积，而设计师选择将这庞大的面积大致分为一层和二层两部分，其中一层采用开敞式的设计方式，博物

---

① 谷德设计网. 荷兰军事博物馆，荷兰 /Kossmann. dejong[EB/OL]. （2016–04–14）[2022–11–28]. https://www. gooood. cn/national–military–museum–by–kossmann–dejong. htm.

馆中的绝大部分展品都放置在一层，而二层则采用的是封闭式的空间设计形式，设计师选择将二层空间分割成若干小空间，主要是作科普教育之用，每一个小展厅都有自己的科普教育主题，生动形象。

荷兰军事博物馆的一层展示空间放眼望去就好似一个军事工厂，而展品的放置也严格遵循了时间顺序，从数千年的军事武器模型到新如今的科技成果都有所涉猎。同时，设计师还考虑到了展品本身尺寸与人的尺度对比问题，因而选择将飞机等大型模型悬挂在数十米高的天花板上，而其他较为小型的模型可以考虑放在地面处进行展出，这样也可以拉近展品与游客之间的距离。

在建筑的二层空间，设计师选择在不同主题的小型展厅中增加许多采用多媒体方式的展示模型，如全景电影、光效和动画等，让原本枯燥乏味的教育教学过程变得生动形象了起来。参观者在玩乐过程中对荷兰的过防御系统有了基本的了解，同时对于荷兰国家军队的发展历史相关的知识也有所掌握。同时，也在各种多媒体氛围的感染下，认识到了在战争年代不同人群所做的时代选择。在二层，设计师将多种交互手段应用于了二层的各个小展厅中，成为我们现在看到的展厅尼德兰、珍宝厅和战士等。

数千件展品采用的不同的材料和尺寸制成，每一件展品都有自己独有的历史记忆，同时也为这个博物馆带来了巨大的社会价值和意义。Kossmann.dejong 展览建筑事务所的创始人之一马克认为："优秀的展览空间能够将大量展品和信息有条理地组织起来，让平面和空间序列清晰流畅。尽管本次的设计尺寸巨大、内容复杂，但我们仍交出了一份令人满意的答卷"。①

这个展示项目中最具挑战性的一点，是如何将数量众多的展品摆放在有限的展示空间范围内。除了在各大主题展厅中运用了大量的多媒体技术，在一层展厅的西南侧甚至还上演了一场"空战"，共有五艘战斗机首尾相连组成战斗序列，而展厅的这一角仿佛被定格在了空战时的某一瞬间。还有

---

① 谷德设计网. 荷兰军事博物馆，荷兰 /Kossmann. dejong[EB/OL]. （2016–04–14）[2022–11–28]. https：//www. gooood. cn/national–military–museum–by–kossmann–dejong. htm.

地上的展品们也被有机组合到一起，同时整体建筑空间相呼应，最终成为一个极具特色的展品动态展示过程与空间环境。

三、上海时装周 HCH 展馆设计

（一）布局与设计更新

一面面"布料墙"从挑高的天花板垂至地面并在地面上延伸开来，布料的垂坠感使之形成犹如瀑布般自然流畅的线条和平面，与其中悬挂和摆置的服装相生相成。这些"布料墙"以看似不规则的方式贯穿整个空间，将其打造成一处近似迷宫般的展厅，犹如一件沉浸式艺术装置，让走进的观众体验到一种观感的愉悦和探索式的乐趣。

格式塔心理学美学的代表人物鲁道夫·阿恩海姆（Rudolf Arnheim）曾就格式塔心理学（Gestalt）理论提出建筑形态对视知觉张力的建构。在此，我们将该空间视为一个整体结构、一个"完形"，由此建立其在视、知觉层面的"张力"。在建造过程中，有别于传统意义上的展馆搭建，我们利用桁架筑起空间结构，在保证足够稳定性的同时，充分发挥材料的作用和特性；将布料两端固定于地面，桁架从中拉起布料，让布料自然悬垂，形成空间。桁架抬升起柔软的布料，一座柔性的"迷宫"由此生长成型。布料的排布手法虽然没有规律却是有"目的性"的，有些形成敞开的空间，有些构成了半遮蔽的"幄"。一开一合的呈现方式在观众的视觉和身体活动中进行着有效的编码组合，最终，以一种整体的视觉形态传递出来。

这种若即若离的空间体验好似人体和服装之间暧昧的关系，身在其中的人们像是被衣服包裹的身体那样被包裹于这一空间中。整体偏绿色系的暖色色调在视觉上带给人安宁舒适的感觉，通过色彩分布的平衡与匀称以达到和谐的美感。设计师力图打造出能够更好地烘托空间整体调性和氛围的视觉效果，帮助客户更好地体验时装品牌想要传达的情绪。空间成为人们与服装之间互动的桥梁和媒介。区别于传统的格子间，这种漫游式的、沉浸式的空间体验增加了客户进入店铺的可能性，延长他们选购和徜徉的时间。

（二）探索式体验空间

在展厅流线的考量上，设计师摆脱了直接的单线索流线，允许客户走回头路，甚至在其间"迷失"。时尚的多元、易变、快速迭代，以及布料本身的轻柔与拼贴感，尤其是毛毡和可回收布料所带来的质感都是我们对该空间进行设计时所获取的灵感来源。

四、上海嘻谷艺术馆设计

这间 20 世纪 50 至 90 年代的粮食仓库建筑，总园区共有将近 60 栋老旧建筑，这些建筑在之前主要是用作储存粮食或是作为工厂车间。经过设计师的重新规划后，最终变为"云间粮食文创园"，这也一度成为当地的文化地标建筑，原先已被舍弃的建筑又会重新焕发出新的生机。设计师在设计规划过程中主要应用的就是几何元素，同时内部建筑楼高已达 7.5 米，至此也成为上海极具特色的双顶连体结构建筑，从视觉角度来说，这种结构形式也为艺术展示空间增添了不一样的魅力，人们身处其中就会有无尽的探索欲望。

我们从主入口进入，焕然一新的艺术展示空间使得我们眼前一亮。首先，照明设计发挥了相当关键的作用，为人们营造出别具一格的动感效果；其次，橱窗的设计也做到了与建筑整体设计相呼应，窗框处还设计了发光线条，对人们的视觉更是一种冲击，能够极大程度上地吸引人们的注意力，体现出设计师独具一格的艺术设计思维和创造能力，只要是途经此地的人都会不自觉地将目光放到展示空间内部。

在设计理念中，设计师尤其强调了对生态理念的应用，将生态设计手法和可持续的建筑材料应用其中，这主要也是从保护历史痕迹和记忆的角度出发对建筑进行保护和再利用。原先建筑外立面老旧的红砖墙被加入了新的可能性，从材料的角度对历史和建筑本身进行了重新诠释，营造出了一种新与旧的和谐氛围。

艺术馆本身就是一个极具艺术和个性化特征的展示空间，设计师将按照不同空间的功能需求将其大致分为三类。同时也安排了科学合理的展示动线，每个单体空间都是相互联系的，通过这样的设计手法能够将各个空间的功能利用最大化。设计师出于对一天时间变迁的理解和考量，通过几何形式的玻璃造型将外部光线引入室内，为有限的空间创造不一样的心理和体验感受。除此之外，艺术馆室内空间地面采用石子与青石板材相结合的形式，还有高低错落的木板镶嵌其中，通过地面材质的变化，不仅分割了空间，也为每一件艺术作品营造出了不一样的艺术氛围，以此来保证达到最佳的艺术效果。

艺术馆的室内设计师十分擅于利用材料来创造出不同艺术空间的氛围感，不同材料在空间中发生碰撞、拼接和重组。但是选取材料的基本原则还是基于空间的叙述性线索，同时也要控制整体的空间叙述节奏。这种材质的变化虽说会引导空间氛围发生变化，但又不会发生过于抢夺主体光芒的情况。在整体建筑室内空间中，我们对其中需要重点突出的位置会选择将这部分空间的材质进行转变，跳脱出整体的大环境，以此来增强空间环境的层次感和体验感。

为保留原始的历史痕迹，我们会选择保留历史建筑的部分材质和结构，通过新的设计手法将这种历史印记凸显出来，最终营造出一种时代碰撞的感觉。我们如果在现代化的科技灯光照耀下，裸露的红砖会更具时代感和历史性，肌理的纹路也会带领我们走向更远的思想边界。

第三节　现代化办公空间设计概述

一、办公空间的发展历程

（一）国外办公空间的发展历程

办公空间的发展是随着社会办公环境需求的演变逐步演进的，大致分为三个阶段。第一阶段是指 19 世纪末以美国芝加哥为代表的办公空间的形成阶段。18 世纪末至 19 世纪末，欧洲和美国的工业革命促进了生产力的发展与经济的繁荣，也使得商业得到了跨越式的发展，对办公空间环境的要求也越来越高。特别是随着高层建筑的发展，一座座用于公司办公的大楼拔地而起。以美国建筑师沙利文设计的卡尔森百货公司大厦为例，在他看来，高层建筑外形应为三段式：底部为两层高的基座；中部办公室墙面通常为整齐的大窗户，且结构、作用明确；顶部设备用房可以有不同外貌，窗户较小，按传统习惯还应该加一条水平檐口。由此可以看出，当时的办公空间已经相对独立，出现了在建筑空间内划分独立的区域或采用独立房间的办公空间。

第二阶段从 1950 年开始，随着科技的发展以及第三次科技革命的爆发，办公空间的需求也有了新的变化。随着办公功能愈加细化和复杂，对办公空间的划分也不再仅仅局限于独立办公室这种简单的方式。越来越多的公司为了体现公司的整体形象而注重办公空间给客户留下第一印象。随着现代主义建筑的发展，室内空间布置更加灵活，这也为办公空间的发展变化提供了硬件条件。

该时期高层办公建筑大量出现，如密斯·凡·德罗设计的西格拉姆大厦，多采用混凝土框架结构或钢结构，室内空间可以灵活划分。在办公空间的组织上注重利用空间的划分增加办公的效率，把办公效率的最大化作为设计的一个重要原则。多部门协调的开敞办公空间逐步形成，并且根据不同部门的办公关系和流程划分办公空间，形成了现代办公空间环境的雏形。从一些开敞办公平面图中可以看出，不同的办公设备都会安排在所需设备的办公部门附近，争取最高的办公效率。这个阶段以办公效率和功能合理安排为设计理念，对现代办公空间设计理念的形成起到了重要的作用。

第三阶段从 20 世纪末开始，信息化、网络化的快速发展，改变了办公流程和办公方式，办公效率的提高更有赖于信息技术和科学技术。如何激发办公人员的创造性，成为办公空间设计者要考虑的问题，人文主义办公空间的理念逐渐产生。现代世界上主流的办公空间大多是以满足办公人员的各项需求为主要目的，将信息化和网络化以及智能化做最合理的分配和布局，以办公人员的需求为主，而不是以办公流程的高效率为主。这在现代的办公空间里催生了功能更加细分的不同空间，如各种交流空间、景观空间及休闲空间等。

（二）我国办公空间的发展历程

我国办公空间的发展受到了世界办公空间发展的影响。第一阶段是 20 世纪 50 至 80 年代。该阶段办公空间的主要功能是满足政府各级机关及国有企业的需求，办公空间以改造老建筑和新建办公建筑为主。新建办公建筑形式比较简单实用，内部空间也以独立的办公室形式为主，办公功能比较单一，通过走廊、楼梯等交通空间联系各个办公室。将老建筑改造成为办公建筑是这一阶段的一大特点。大量遗留的老建筑改变了原有的使用功能，如很多住宅、银行、领事馆等都被改造成为办公机关。这样的改造也在无意中使很多著名的老建筑得以留存，当时的改造比较简单，对原有建筑和室内空间的风格影响较小。

第二阶段是 20 世纪八十年代末至九十年代末，随着改革开放的深入，大量的国际企业进入中国，带来了先进的办公模式和不同的办公空间形式。如国际企业将办公空间设计和企业整体形象联系起来，并且把企业文化蕴涵其内；同时将办公功能细化，并且对不同的办公职能部门进行空间上的优化组合，以达到更高的办公效率。我国的办公空间设计开始了现代化的起步阶段，出现了功能复杂的开敞办公空间，并开始进行办公空间的整体形象设计。如今很多办公空间还是沿用这个时期的设计理念和形式。

第三阶段从 21 世纪初开始，随着中国经济的高速发展和世界地位的提升，办公空间的设计越来越突出自己的特点和发展规律。可持续发展和创建节约型社会以及创新型发展的理念深刻地影响了办公方式，运用先进技术、新能源开创新型办公模式已成为当今办公空间设计的新方向。在利用先进科技和模式的同时，办公空间设计更加突出人文性和满足使用者的心理需求。在办公环境中加入了各种交流和休闲空间，同时融入了中国传统文化，给人带来一种亲切感和心灵归属感。

二、现代办公空间的开放类型

（一）蜂巢型

从办公形式来说，蜂巢型办公空间属于典型的开放式办公空间，工作人员彼此之间的互动较少，只适合从事一些例行性的事务工作，工作人员的自主性也无法得到保障，如电话营销和资料输入等。

（二）密室型

密室型是一种十分典型的封闭式办公空间，同样是不需要和同事进行过多互动的，需要工作人员具备高度的自主办公能力，如律师和会计师等。

一般来说，这类办公空间都是供小组和个人来使用的，因而在布局方式上要考虑到办公设备的安置问题，通过科学、合理的通道安排来保证人员流动时不会对办公人员产生影响。通常来说，一般在员工人数较多的办公空间内，还会安排多个封闭式小空间，以备正常办公时使用，但是办公空间的排列方式非常重要，对我们最终看到的办公空间形态也会产生很大的影响。单侧排列式和对称式的空间排列方式对空间的节省是比较有利的，也便于按照小组或部门进行管理。但是，这样的空间形式虽然从整体排布角度来说是更为简洁和清晰的，但还是略显呆板。

（三）鸡窝型

鸡窝型的办公空间更适用于开放式的办公形式，这也是为工作人员相互交流提供了便利，人员之间可以产生很好的互动感，主要是方便一些自主性较高的工作类型，如设计类和媒体类工作。

随着互联网理念的不断深入，一些具备新兴技术的办公设备开始逐渐在众多领域中进行普及，对一些在现代化建筑空间内办公的公司或企业来说，他们多数会采用将一些便于拆卸的传真机等设备组合在一起，然后运用办公家具来分割办公单元，并不是采用实体的墙壁或隔板来进行分隔。

这类办公空间是可以将工作人员与办公环境紧密结合在一起的，最终为个人的职业发展和成长奠定良好的环境，形成个人化的"工作站"模式。要想获得一些自己的私密性空间，办公人员可以将一些高度不高的挡板放在各个办公单元之间，这样既方便交流，又不阻碍视线。另外，还可以在一定数量的办公单元间设置一些休息和交流空间，这样既不会打扰到其他同事的工作，也可以满足自己的工作需求。

（四）俱乐部型

对这类俱乐部类型的办公空间，适用的就是那些既需要与同事进行频繁交流，但又需要一定的自主空间的公司或企业。当需要与其他同事交流工作事项时，可以设置公用的大型办公桌。往往对这样的工作来说，他们没有固定的工作时间，办公地点也不会固定，可能在家里、可能在客户的办公室里等等。

我们在一些主营媒体、广告等行业的公司中经常可以看到这样的工作方式。在众多办公空间类型中，俱乐部型的空间是最易吸引人眼球的，其中有部分原因是因为在这样的环境下工作，更易激发起人们的创造性思维。在这类办公空间中，我们是很难发现单独被分隔出来的封闭式办公室的，各个类型的办公空间都是按照自己的功能属性来进行划分的，如休息间、咖啡屋等。

三、办公空间的功能类型

（一）高科技及网络公司

高科技及网络公司的主营业务是信息技术方面的，自然涵盖的方面是十分广泛的。因为这一行业是与时代发展紧密结合的，这类公司的员工也多是年轻群体，所以，办公空间设计就需要体现时尚感和科技感，要年轻化。对员工来说，公司管理者要求他们一定要具备良好的人际交往能力和创新性能力，仅仅是具有专业知识基础是不足以应对实际工作环境中的各种需求的。例如，世界 500 强的企业公司办公室大都摒弃了以往灰色调的开敞式办公空间，而是对空间环境中色彩、功能和材料等方面开始尤其注重。

1. 设计特点

（1）对高科技及网络公司来说，工作效率是最先需要保障的，因而他们对办公空间的空调系统和机电设备等尤其注重。在这类公司的办公空间中，我们对各种类型的插座和电源等要合理配置，为的就是满足员工们的个性化工作需求，以此来保障工作效率和工作质量。

（2）在高科技及网络公司中，要想提升员工们的工作效率，资源共享是一个较好的途径和方法。由此，以往传统的"办公室 + 走廊"的办公空间是很难出现在这一类型的公司和企业中，他们的领导者也更为看重开放式和开敞的办公空间，将工作人员之间的联系变得更为密切。由此看来，那些具有高弹性的平面规划设计形式才是未来高科技及网络公司的办公空间的设计发展趋势。

（3）对高科技及网络公司来说，人性化设计原则的体现是至关重要的。设计师要充分认识到不同类型的工作群体对办公环境的要求，为大家提供共享空间是形势所驱，界限清晰的办公空间已经很少出现在这样的环境中，界限变得模糊化，休闲元素开始逐渐深入办公空间中，让人们能够在工作时真正地体会到乐趣，能够保持身心的基本放松，而这样的设计理念也正成为设计领域中的重要组成部分。

人文元素的出现可以使得办公环境中的工作氛围变得更加轻松愉悦，如游戏室、健身房等已经是许多公司和企业办公楼中的必备空间了，生活元素开始逐渐融入人们的日常工作中。随着人们开始越来越重视到人本身在工作中发挥的作用，管理者也开始注意到员工工作的舒适度，由此设计也变得越来越人性化，甚至有一些企业开始将办公环境和设施作为吸引人才的一大手段和方法。现如今，一个企业是否具有个性化的办公空间，已经成为衡量这个企业对员工重视程度的重要因素，而这也是设计师接到的最常见的需求。

（4）对办公空间，我们不仅要重视室内空间氛围和环境的营造和室外景观的设计规划，也同时可以在室内办公空间中营造"绿色景观"，这样既可以保证环境的健康环保，也可以在兼顾办公需求的同时达到休闲和缓解视疲劳的目的。

2.设计原则及方法

（1）对一些需要经常开会探讨方案的工作人群来说，他们通常需要较为开放的办公空间或是组群房间，每个人都有自己固定的位置，有自己的工位和办公设施，像是打印机和扫描设备等一般都是多人共享。通常情况下，公用会议桌也是现在这类人群工作必备的。

（2）对高科技及网络公司来说，办公空间的公共性是必备需求，同时也要关注到不同人的办公和审美需求，这也是十分关键的。

①团队空间。整体的办公空间一般会被分为若干个团队工作空间（一般可容纳3~6人），而其他的空间则可用来与其他团队进行信息交流和合作时使用，或是也用来当作储存空间，用来资料存放等。但是，需要注意的是，每个人还是需要有自己较为私密性的个人空间。

②公共空间。现如今，我们经常发现一些办公空间中的公共空间不足，一出电梯就看到的是办公室或大堂，这其实中间缺少一部分过渡空间。众所周知，一个好的办公空间中是一定存在有过渡空间的，但这种"过渡"

不能仅限于走廊和通道，而是应该注意到环境本身的设计。但是，经常会出现有一些人认为这是一种空间的浪费，这其实已经在讨论的另一个问题了。举例来说，我们可以将电梯口的部分设计成会客室等，这样同样也是过渡空间的一种体现，是不同设计节奏的一种体现。

从公共空间其本身的角度来说，有会议室和会客室等这类空间是必然的事情，除此之外还要有一些供员工休息和休闲的空间，如茶水间等。在一些非正式的公共空间中，员工们可以放下心中"绷紧的那根弦"，自然而然地碰面和交流，这样也会自然而然迸发出一些新的思想火花，这显然与在正式会议和讨论空间中获得的成果要丰厚和有质量许多。与此同时，对公共办公空间，管理者要赋予员工们一定的自主权，在允许的情况下可以自由装扮自己的办公空间，这也是调节工作心情的一种有效途径。

（3）对高科技及网络公司，设计者还需要尤其关注平面空间的利用效率，这同时也是许多使用者十分关心的问题。一般来说，我们在观察一个空间的平面使用效率时，多注意的是柱存在的位置和柱外空间，而规则几何形（长方形和正方形）的办公空间是更加容易提升空间使用率的。另外，还有电梯、卫生间等空间和设施的占用面积也同样影响着最终的办公空间实用率。对那些超高层的写字楼来说，一般内部空间的实用率达到70%就算是比较优良了。其实辅助配套空间的是否能够满足使用者需求是影响到最终空间实用效率的关键因素，还有电机、空调等也会对其造成一定影响。

3. 案例分析

（1）微软公司一直在世界上的众多高科技和互联网公司中独占鳌头，在整个行业中占有非常重要的位置，他们的管理者倡导"平等、激情、真实、以人为本"，这是它们的企业文化。这些也同样体现在了微软公司办公空间的设计中。其中，"平等"就表现在每个人的办公使用空间的设计样式都是相同的。就算是普通员工也可以享有观景房间，就算是领导也是无法享有带窗户的房间。在微软公司办公的人员是可以随意装扮自己的办公环境的，而他们通常会选择在自己的桌子上摆放自己家庭的合照，以及在办公室的门上也会放有注明员工姓名的名牌。

微软总部共有多达数万名员工，他们根据自己职责的不同被分配到 100 多座办公楼中。其中，大约每座办公楼都是三四层左右，就算是微软公司的创始人——比尔·盖茨也同样在与普通员工相同大小的办公空间内工作。

微软园区的楼房别具匠心，X 形办公楼是微软 Redmond 园区最早的一批建筑物，这样的建筑先建了 4 幢，后来又建了 2 幢，保证每间办公室都有充足的阳光，凭窗眺望，满目青翠。以后的楼房不一定是 X 形，但是修建的原则都是一样的：最大限度地满足采光。于是，一幢幢造型怪异的楼房在园区里拔地而起，办公楼的采光都非常好。

微软的接待厅设计简洁大方，有些会议室室内设计得像宇宙空间，有些是微机测试室。园区有一处很大的员工餐厅，那里可以容纳 800 人同时用餐。园区内还有运动场，员工运动俱乐部就在园区边上。园区附近还有大量的员工公寓楼、著名的 Sears（西尔斯）百货公司的分店，员工生活所涉及的一切，园区基本上都考虑到了。园区内还有微软图书馆、微软博物馆和微软专用商店。微软园区静谧，像大学校园，风景非常漂亮，有大片的草坪和成排的树林，景色优美。

（2）随着时代信息化程度的不断深入，我国的办公环境也逐渐受到当下网络时代的影响，开始更为注重办公空间的个性化，从整体空间布局方面来说，更加倾向于时尚、简约。而淘宝网的工作室就是一个很好的例子，设计师将公司的企业文化很好地渗透进了办公环境和空间中，具备现代感的玻璃幕墙、充满金属感的会议室，无不显示出当下高科技互联网产业的时代化特征。

进入淘宝网的接待大厅，最醒目的就是圆柱形的接待台，黑漆漆的露孔材质带着优雅的弧度，好似一艘充满了新奇感的太空船。"淘宝网"和"支付宝"几个大字醒目而又充满活力。整个工作室的墙面及顶部都采用了线条形的橙色、黑色和白色做装饰，丰富而又饱满的色彩点缀在深灰色地面中，产生着跳跃感，加强了建筑的挺拔感和立体感。富有流动感的造型线条以水平和垂直方向展开，丰富了空间的形象，使工作室充满了运动感和生命力。

淘宝网的工作室被设计成一间间独立的小办公室，靠走廊的门及墙面均采用整幅落地玻璃间墙，透明的玻璃上以简朴的线条密密麻麻地印刻着淘宝网或支付宝的网址，使大幅玻璃墙没有平淡感。白色的墙面上用黑色的粗线条印画着抽象的画面，使得整幅墙面不至于呆板，也凸显了淘宝网活跃的个性。会议室的设计格调基本延续了接待台的风格，半圆形的弧线造型极具时代感，体积感强，延伸了视觉线。

（二）金融服务办公楼

1. 银行的办公空间设计

银行设计讲求一个稳重的形象，接待的来宾和客户多属高端人群，所以要根据使用者的气质来做一个配合；对银行、财务及行政人员和客服中心等公司，属于例行性、重复性高而个人积极性低的工作形态，朝九晚五。办公室宜采用开放形态，自律性及互动性小，属于比较传统的办公室规划。目前这类办公室加强了现代通信设备的运用，使工作进行更加便捷有效。从服务人的角度，体现人性化。突出形象个性化。服务设施舒适化，兼具美观化。

2. 银行办公空间设计的原则及基本内容

银行一般由营业厅、自助银行、普通办公室、行政办公室、接待室、会议室、行长室及其他功能空间等基本区域组成。设计的原则必须做到功能分布合理，与周围的环境相适应，突出现代、统一、稳健、严谨，运用视觉设计手段和先进材料与科学施工技术相结合打造完善的建筑结构和感观效果，成为该地域的建筑亮点与装饰典范。设计需与银行统一的视觉识别系统相协调，追求形式上的互补和精神内容上的一致。坚持整体规划，充分考虑设计的延续性和时效性，合理地对各个功能区域进行艺术化、功能化，把握科学性、安全性、实用性、人性化相结合的设计原则。

（1）营业大厅是银行运营的主要功能场所，是银行与顾客接触的第一空间，也是银行展示自身的主要窗口。设计时须考虑宽敞的顾客空间，安排休息椅、填单台、利率牌，营业柜内须考虑工作人员操作空间的安全、舒适，使工作便利从而提高效率。营业厅的光线要明亮，色调要稳重高雅，材料要耐磨易清洁。要考虑方便客户使用设备，应设立咨询服务台，安排休息椅和饮水机，设置叫号系统，方便客户。柜台趋向改为接待台，变沟壑式服务为座谈式服务，配上轻柔的背景音乐，营造轻松随和的内部环境，体现平等、亲切的人性化设计。

（2）自助银行的设计应具有创新性和现代气派，最好与周围环境相吻合。内部环境要让客户舒适、满意。除了外在标志设计要简洁、醒目、清晰外，内部应通过装饰材料、灯光、色彩等的设计来达到这一目的。在进行自助银行的设计时应充分考虑所在地的社会治安、人文环境，以及自助银行24小时营业、自动值守等特点，既要保证银行设备和资金的安全，又要保证自助银行内客户的安全。通常自助银行橱窗采用防弹玻璃，入口采用门禁系统，用户须刷卡入内。安装闭路电视监控系统，保障自助银行和客户的安全。安装防火感应器，当自助银行内出现意外时能自动采取补救措施，并及时报警或通报银行控制中心。办公室一般分为普通办公室和行政办公室两类。行政办公室设在与行长室相邻的区域。

（3）办公室的设计应体现企业的管理水平，简洁、明亮、经济、实用。在选料上尽量简单，光线要明亮，色调要明快，形式简洁，办公桌需隔断，避免人员互相干扰，部门通常以开敞式的大开间布置。财务室需配置独立封闭的票据资料室，其他办公室可视位置的许可设立独立或公共的资料室、档案室。司机办公室还应配休息室，能让司机休息保证行车安全。

（4）接待室设在办公区域的公共空间，让各部门共同使用。一些特殊的位置，例如行长室、信贷科等可单独设立。现代设计将接待室布置成具有会客、洽谈、休闲娱乐等多功能的室内空间，将客户变为朋友，让客户在轻松、愉悦的气氛中洽谈。根据银行规模的大小和需要可设立多个接待室，接待室形式可多样，可安置电视、音响、冰柜等满足各种需要。

（5）会议室最好紧邻行长室，便于行长召开行政会议或与客户洽谈业务。根据银行的条件和需要，可设多个规模不一样的会议室。例如可设一个多功能大会议室，也可设放有圆形或椭圆形会议桌的中型会议室，还可设形式多样的小型会议室。除多功能会议室外，普通会议室设计宜简洁、明亮，能集中开会者的注意力，提高会议效率。多功能大会议室墙面宜选用吸音材料，地面要耐磨，设计形式应区别于娱乐场所，宜简洁。家具布置宜采用活动家具，可根据需要设置折叠式活动隔断，使空间灵活变化，功能更丰富多变。大会议室可安置投影设备、音响设施，通常还需配置一个音控室，以保证会议的质量和功能。

（6）行长室区域可分正行长、副行长、秘书等室内空间。行长室的设计应高雅、大度、气派、环境安静，以体现银行领导的形象。为确保行长的工作不受干扰，进入行长室前需经过秘书处，让秘书来安排和行长的会见，协助行长处理一部分的工作事务。若空间条件许可，行长室可设置独立的休息室，除保证行长的休息外也方便了行长穿着服饰的更换。在家具布置方面，行长室需要布置一套独立的沙发群，用来会见一些重要的客户和进行一些内部的洽谈。

（7）其他功能空间主要有配电房、空调机房、电脑房、监控室、票据存放室、员工餐厅、金库、健身活动中心等，这些区域都有它们各自的设计特点。其中电脑房是放置电脑主机设备的工作空间，要求环境安静、明亮、防尘、抗静电，地面一般采用活动架空地板，以便设备管线的敷设和移位。电脑房还须配备 UPS 等防停电装置，以防断电给银行带来的损失。票据存放室和金库的装修要求不高，但防火、防盗和湿度控制要求极高。金库内防火必须采用二氧化碳等干式灭火设施，安装防爆灯具，墙身和地面须设置钢筋混凝土和厚钢板，所有通风、排气管井须加装钢筋防护网。出入金库通常须经前室，有严格的安保要求，内部应设对外直线电话、消防器材和防盗报警器。职工餐厅宜明亮洁净，易于清理，有些银行还配备厨房，为职工提供用餐服务。健身活动中心地面要经得起金属的磨损和撞击，墙面一般设大玻璃镜子，整体色调宜轻快有动感。

以上介绍的只是一般银行的装修原则，因银行规模、体制的不同，功能空间的布置势必存在一定的差异。

现代科技的发展更新了银行设计的观念。银行由原来单一功能模式发展至多功能模式。舒适的布局摆设、优雅的景观设计、良好的服务意识，充分体现了人性化的服务空间，创造了内置式的环境氛围。随着社会的发展和进步，银行这样的金融机构，空间设计应更体现智能化、人性化的设计理念，这是银行未来装饰发展的趋势。

3. 银行办公空间的设计实例分析

（1）以中国银行总部为例，它的设计原则就是最大限度地利用空间和增加阳光可照射到的面积。中庭之中有室内园林，通过略微简化的形式，山水草木表现了大自然的和谐和充分反映了富有中国传统的人与自然之间的紧密关系。地面铺设凝灰石和喷雾花岗岩拼成的矩形嵌板，其与众不同的图形宛若彩云，令人不禁想起中国传统山水画。中庭的格窗与四周办公室的冲压窗户交相呼应，使墙壁与地板之间产生一种连续性和一气呵成的感觉。

花园的重心是一组岩石，经过贝聿铭建筑事务所的建筑师细心安置，每块岩石彼此互相平衡，将岩石的雕塑效果发挥到极致。岩石的摆放并不对称，这样人们的眼光会不由自主地落在中央那块主要的岩石上，而这块岩石本身就是石林的象征。

坚实牢固的岩石与岩石四周的柔水形成鲜明的对照。水深 4.5 米的池塘清澈透明，天窗的倒影在水中不断变化，给花园增添了立体感。水中游动的金鱼既是传统上幸运的象征，又增添了不少情趣和动感。

花园中有一道 15 米高的毛竹构成的天然屏障。竹子的产地为江南美丽如画的杭州，这些普通的竹子往往是一个竹根长出许多根竹子，而中庭的巨竹却是单竹独根（似草更似树）挺拔地矗立在花园里。日光穿过柔软的竹叶散射下来。那些成对的月窗给花园增添了层次和间隔，人们可以从四周的走道一窥中国园林之精华。

中庭的天窗离地面 50 米，天窗的玻璃夹在三维桁架的框架中间。由于玻璃透明和没有使用遮阳罩，尽管北京常常阴天，天窗仍然可以最大限度地起到采光作用。夜幕降临时，大厦的各个窗口散发出光亮，就像一盏盏灯笼。

营业大厅的设计展现了中国银行的外向型、国际化的业务走向。为了发挥中庭的作用并展现银行营业的场面，两个营业大厅分列在正门的两侧，两个楼翼相连接的地方。两个大厅由一个圆形采光井连在一起，分别直通中庭。设计师特意将营业大厅放在不同的楼层以利保卫，采用了无门、开放、安全的新思路。

较高楼层的银行营业在一个正方形、直冲天窗的凹区进行，给人以失重感，又抵消了巨大的墙壁造成的压迫感。大厅的四周是用不锈钢索吊住的照明灯，照亮了与下面一个楼层连接的圆形开口四周的盆栽。这个光圈不仅是枝形吊灯，而且更像一个雕塑，给上下两个营业大厅的空地增添了光彩。吊灯是由贝聿铭建筑事务所设计，在澳大利亚制作的，设计灵感来自那些数以百万计每天穿梭于北京街头的自行车车轮。

（2）以大众银行大西洋总部为例，在法国南特市郊区交织着环城公路的区块上，新的大众银行总部通过独特、简洁流畅的外部造型与标志性的颜色，在白天显得格外的醒目；而在夜晚，从中庭放射出的光芒使整个建筑显得缤纷多彩，晶莹透亮。传统的建筑主立面不复存在，取而代之的是由景观停车场旁的一个宽阔的、由几何图案装饰的广场引导人们通往建筑物入口。

建筑师在光线充足的内部中庭与建筑物双层外墙之间配置了 7500 平方米的工作空间。它们分布在三个楼层上，并且形成连续的同心环状格局，空间分隔可根据工作内容的发展需要而灵活改变。建筑师将技术服务空间集中配置在走道空间相连的塔状体量里，配合高效能的结构与能源配送管路设计，使封闭式、半开敞式或全开敞式等不同类型的办公空间布局都能有效利用，体现了业主提高工作环境质量与效率的意愿。

创造恒常流畅的空间是本方案中建筑师特别强调的设计重点。他借助若干设计元素来点明这个设计概念：采用不同颜色的石材拼凑成富含韵律感的几何图案来覆盖大厅接待处的地面，以大波浪式彩色图案使空中走廊的铺地充满动感，在地下层的岩洞中央栽种了一片特别修长的绿竹林，并在四座内部塔楼表面覆盖灰色的金属网线和乳白色织布。

（三）广告传媒公司

1. 设计特点

（1）广告公司室内设计首先要传达公司的企业文化，这成为商业空间设计者首要考虑的问题。设计师需要较好地阐释企业文化理念。公司应特别强调的是公司团队精神及淡化公司员工的等级观念，注重的是协调和加强公司内部员工的人际沟通，并以此激发员工最佳的创造激情与工作热情。

（2）在空间设计上，对服务于广告传媒公司的员工来说，许多是创意人员，常感觉到才思枯竭，希望和同事方便交流。但许多公司却采取的是单一的敞开式办公，大家在一个大的空间下工作，没有专门的公共交流空间，如果员工之间说话肯定会影响到其他人员的工作，同时影响到了自己的工作情绪和工作效率。

设计师所要考虑的绝不仅仅是突破传统所采用的密室型的办公空间分隔设计理念，而是如何真正为所有员工创造一个人性化的办公空间。广告公司人员较少，个人空间应该设计有充足的区域。世界上流行的一种俱乐部型空间分类，比较适合那些具备开放性特点，对自由、随意、交流等要求较高的公司。这种类型同时兼具个人和团队合作、经常需要小组讨论的工作，而且工作时间长，地点也不受限。因此，办公空间可以根据不同的任务编组作调整，采用分享式的规划观念。在这一形态中，个人座位并不固定，但注重私密性，使个人工作时不受干扰。会谈区可以容纳少数或多数人共同讨论，而且这类会谈区并不仅仅限定在会议室等固定区域，当个人遇到某种问题，可以在吧台、用餐区或者舒服的沙发上进行讨论，可以更好地满足广告、媒体、公关、网络、管理顾问等公司以及各类公司创意部门的需要。设计时区域划分要容纳总经理办公室、会议室、客户接待室、设计室、摄影室等功能。

（3）广告公司的办公空间必须营造出具有创作氛围的空间。空间设计应该让公司员工和业主都能感受到设计的灵感，让公司客户直接参与到创作中来，让他们为自己所做的一切而感到心动。在"灵感"的作用下，该办公室的工作方式与空间形式得到创新，员工在自由与具有创意的环境中交流与沟通。客户就像老朋友一样与创作人员在办公室休闲区内谈市场、讲创作、听音乐。创作不是无中生有，应该符合人的心理、生理需求才与现实规律，这样它才有了生命力。员工的个性、思维、意念、兴趣与社会的需求能达成共识，产生价值。这是员工、老板、客户都需要的。创造力对一个公司来说是重要的，而培养员工去热爱生活，享受工作，从而提高创造力尤为重要。

（4）色彩设计尽可能大胆，色彩上表达时尚感、活跃感，表达公司的创造力和活力。如选用色彩丰富的休闲区与冷调的区域形成一个对比分明，大的开放空间，员工能在冷调中沉着自我，冷静地解决问题，在浪漫色彩中尽情开拓，进行思维碰击。整个办公场所中可以点缀艺术品、广告经典作品，以及有关社会热点话题的报纸、流行杂志、电影海报、周末餐饮市场优惠行情等。

2.设计实例

（1）以光线传媒为例，它的办公空间设计风格与其他办公空间的风格迥然不同，以公司的文化理念为设计的基础，强调效率和人文环境的平衡，强调紧张与放松的统一，因而形成了多样性和个性化、倡导新时尚的办公空间，整体设计前卫、大胆、张扬，强调了视觉的冲击感。

从踏进工作室的那一刻起，五彩缤纷的色彩就牢牢地抓住了眼球。整个墙体通过几十种张扬的色彩和银灰色的金属被固定在一起，跃动的色彩在银灰色的基调中闪耀，纵向的延伸感更是特别强调了空间的高度，令空间充满着律动的节奏感。如此多的色彩使得该建筑的每个部分都显得独一无二、与众不同，绝对不会给人造成无聊的视觉印象。

整体的建筑风格处理简洁，富有时代的建筑空间特征，设计方法有条理，节奏对比强烈；挺拔宏大的楼身、宽敞通透的大厅与回廊融合得天衣无缝；白色的休闲椅与黑色的钢琴漆搭配得相得益彰；充满现代感的大幅玻璃和朴素古朴的木质地板与家具对比强烈。

设计师更是独具匠心地将造型、功能与结构协调统一在设计中，充分考虑造型与功能的有机结合。从使用功能和结构要求考虑，将整个工作室划分为办公区、会议室、休闲区、接待区等不同的区域。

在楼梯的造型上也形成了视觉中心，时而曲折向上，时而蜿蜒向前，时而又盘旋而上。整个设计极具现代感和时尚感。

（2）TBWA广告公司的标语是"创意工厂"，公司在租用的商用楼里创造了一个三层高的螺旋形楼梯，这为创造一个自由流动、动感十足的大厦奠定了完美的基础。设计师们与团队共同研究每个领域之间的相互作用。设计师被要求提炼一个核心元素，前提是使用"图腾柱"以赐予公司的身份和实力。设计师的实施方案是利用一堆非对称的木箱，能各自转动且镶有数码屏幕，形成一种垂直中空、相通结合的元素，通过影像与声音来凸显使用者的心情。沟通是广告公司运作的基本前提，因此所有与工作有关的物件均被设计成轮状，如桌子、椅子、文件柜、门以及会议室里的设备等。

地板上没有多余的障碍物，在中央位置创建悬浮式信息栏，信息的支流传送到"主脑"，其位于中心区域的玻璃箱里。建筑师希望打造一个开放而畅通无阻的空间格局，以及设计隐蔽的文件柜，因此利用大厦四周的位置来添置储存空间，以方便员工存取物品。黑色的大门不仅很好地将文件柜隐藏起来，还可以作为大黑板供人们在上面涂鸦。薄墙用超过23000个CD与DVD的盒子堆砌而成，这个由员工们自创的"集装箱"又称作"思考房（Think Room）"，当这个地方被使用时，"Think Room"的字母便会亮起。在业主的协作和支持下，一幢结合了个人与团体创造力的独具特色的现代办公大楼终于修建成功。会议室做成了"盒子"形式，可以自由开合的折叠门即可将两个空间合二为一，也可将空间轻易地分隔开来。在公司的露天平台上，有一些造型自由怪异的座椅与茶几组成的休闲区域，给公司的设计创意人员带来了无限的联想。

（四）设计工作室和事务所

室内设计的根本意图绝非仅仅是视觉性的、物质性的表现，而是对人类生存体验的表达，它具有个体与社会的双重性。设计工作室办公空间的设计，作为一种具有特性的场所塑造，应当包容集体意识与人性化环境等方面的多重思考，它应当成为富有效率的工作场所。

1. 设计特点

（1）突出设计工作室的个性、创意空间并体现设计文化。工作室的室内设计非常重要的一点是体现与塑造工作室的文化与形象。工作室的个性创意空间是依靠整个工作机体的运作状态和洋溢于办公空间中的富于感染力的环境气氛来创造的，它来自办公环境的综合品质，包括建筑空间的形态、家具的选择、色彩与灯光的配置等方面，创造一种富有生命力的活生生的现场感。因此，设计中并不需要片面强调展示手法的创意，而是着眼于整体环境，思考展示手法的多样性与适应性。

（2）设计理念上应该导入"完全工作空间"的观念，所谓"完全工作空间"意味着办公空间的设计被视作一个完整的工作环境系统。它既包含着促进工作效率、展示设计文化的功能，又显示了对员工社会性生活的尊重。而环境系统中各组成部分的相互联系有赖于工作人员的相互配合与信息交流的互动。作为一种西方20世纪九十年代提出的新的办公空间的设计理念，"完全工作空间"已被诸多案例所采用。比如工作、管理、休息、接待与会议等诸多功能被纳入一个完整的环境系统，并按照公司特有的工作流程得到有机的组织与安排。特别是公共休息、午餐等区域均得到了充分的重视与考虑。

（3）"小组工作形态"在设计中的运用。设计中可以将室内空间的划分与系统家具相组合，围绕小组工作模式进行，并强化这一模式在室内空间及流线上的特点。此外工作空间中可设置若干公共性的交流场所，如讨论区、会客区及阅览室等，以增加员工公共交流的可能性，同时以室内功能区的相互重叠与交流来实现空间使用的高效性与流动性。另外，在设计中对办公空间的可发展性也应作出前瞻性的思考。

（4）在工作室空间设计中，室内环境的适应性设计策略同样关注，并研究了一系列的方法。即自由开敞式办公空间与信息系统的网络化设置，两种方法得到了综合并灵活应用，以适应将来可能发生的空间形态的变化与拓展。

（5）工作室设计中可以表达一种人与室内环境在视觉效果上，甚至是精神体验上的互动，即所谓"真实的设计"，倡导一种人对室内效果的真实感受，无论是视觉的还是心理的，必须是真实的触动。这一理念在设计中应体现为简约式设计语言来表达形态上的构成关系，以较强烈的色彩变化及丰富的质感对比来完成空间关系的界定，同时表达人与物质环境在视觉与心理上的互动。

针对设计师、会计师、律师、电脑工程师及公司管理层各自的特点，创造较为个人化的独立工作空间，适合个人化的、专注的及较少互动性的工作。这种办公室应具有独立的单间，或是在开放空间中有较高的办公隔间，其中各种办公功能齐全，使个人工作时不受干扰。

2. 设计实例

（1）以 J+P 设计公司为例，当下，越来越多的客户开始注重设计的独特性。这就要求设计公司在设计时要注重产品必须在具有全面性的同时还能具有整体性。在这样的趋势下，J+P 设计公司团队成立了从房地产开发到建筑施工、园林景观，以及室内设计的全方面工作体系。

J+P 设计公司团队占据了两层楼，二层是 KACI 国际公司的办公空间和会议空间，同时也是公司经理的办公所在地，这位经理是一位景观设计专家。三层用作办公区。

通常情况下，二层都是管理部门所在的位置，比如 CEO 办公室、经理办公室。这里常常采用无遮掩的设计，因为这里常常需要接待许多来访者，并且是设计师以及与设计有关的人员相互沟通的地方。因此要求设计元素一定要精巧而富有变化。在入口前面，是一幅巨大的图案，图案由抽象图形组成，采用非直接光源照射，画面上设计有用丙烯酸树脂材料制作的公司的名称。

两种不同的功能区，建筑设计和景观设计让它们位于同一空间，除了能加强空间的流通性，也证明了即使在同一空间，它们也可以像独立分开时那样在保持不断相通性的同时又互不干扰，这一点正好说明了开敞式的共存空间的好处。

三层的设计重点在于通过形态上的变化来创造出富有创造力的视觉效果。尝试通过不同颜色的斜线条的变化，带动整个空间的流动性，来实现视觉效果上的延伸与扩展。从入口处看金属材质图案背景墙，形成了斜线与直线的对比，更加扩大了视觉上的张力。一幅树的图案展示了景观设计师对图形的运用能力。总而言之，设计师通过颜色、图案、灯光和面板的使用，很容易使最终的作品散发出年轻的力量。

（2）以登琨艳建筑事务所为例，它位于上海滨江创意产业园（也称作大杨浦）的最外端，那里原是1921年兴建的上海电站辅机厂，当初是美国通用电子公司在亚洲投资最大的电子工厂，无论从历史还是建筑角度，那里都是极具文化价值的工业遗址。

事务所的占地像是个拉长的L形造型，仅有两层的建筑保留了完好的尖顶木架梁体，事务所的入口设置在了L形聚拢的夹角处，恰好正对南面。登琨艳将入口设计得犹如一个用于展示的阳光棚，地面上的透光地板错落布局，在夜间辉映出神奇的灯光效果，上层则是个露台，连着他自己的办公室，与周围的绿荫相连。往里是最具特色的玄关区域，登琨艳将那里设计得犹如一个舞台，空间被整个拉空，白色主导了那里的颜色，墙上的圆洞、刻意砸开的一圈天花板、漆成蓝色弧形身的大水缸，都赋予了空间更多的线条。斜置的镜子占据了玄关通向二楼办公区域楼梯一侧的整面墙，镜子幻化出的空间与真实存在形成一个虚实交互的界面，让人产生奇妙的感觉。天花板处垂挂着大小错落的球灯，令整个玄关区域犹如梦境一般。

自玄关上到建筑上层，分左右两翼展开，左侧是登琨艳的办公室，右侧是事务所其他设计师的办公区域，恢宏的空间裸露着建构的梁体，人在其中显得渺小，而如此气势又是人为天成，处在这样的氛围里办公，能激发起更多设计创造的智慧。连接两个区域的则是一个过道平台。

在空间过渡的区域，原有的建筑被很好地保留形成一个界面，底下是员工休息的区域，上方是个阁楼。从搭建的阁楼上，有一个非常棒的眺望区域。在接近建筑梁体的部分，更是设置了榻榻米的休息场所，方便设计师休息。

过道左侧通向登琨艳的独立办公区域，入口用了他喜欢的金属丝网材料，登琨艳赋予了原本硬质的材料以轻薄的视觉效果，与清冷的大理石台面形成了对比。推开巨大的木移门，入眼的是办公室如画般的休息区域，窗外的绿意透过落地窗台漏了进来，宏大中透出静谧。登琨艳的办公桌奇长无比，选用了整面的大理石台面，气势宏大，也非常符合大项目图纸的铺排。

（3）以高文安深圳工作室为例，它在深圳的办公室位于华侨城东部工业区，工业区内的老厂房被高文安租了下来，这栋楼高近 8 米，面积 800 平方米，高文安将其改为约 1200 平方米的办公室。作为首批进驻 LOFT 的设计师之一，素有"香港室内设计之父"美称的高文安认为自己多年来的设计生涯其实是一个"挪用"的过程，他的办公室就是以古罗马露天剧场的楼梯作为主体的。

由于高文安崇尚"整旧如旧"的改造原则，改造后的办公室很好地保存了原建筑的风格与旧貌。改建后的厂房分为三层，用红砖铺的外走廊和四周斑驳墙面搭配在一起极具浓烈的复古感。

老院内建了个游泳池，架上可以活动的木板作为休息区，放置的纯白烛台给整体空间增加了些许跳跃感，红色垫子和红色地砖交相呼应。巨幅海报在给人视觉冲击力的同时也给旧墙面注入生机和活力。穿过一道拱形石门，随意放置的几把竹椅和透明案几构成了悠然的休闲空间。进入建筑内部右边的健身中心，巨幅健美照给人力与美的感受，让眼睛饱受了视觉盛宴。阅览区的杂志供休息时阅读，印有文字的坐垫成了某种象征符号，体现着中国古典文化精神。一层中部有个有趣的设计，三面台阶，材料用的都是成都铁路使用过的废旧枕木，古木风格凸显。一面被用作摆放艺术品的展架，开会时员工席地而坐。拾级而上，来到二层的设计师办公室，约容纳80人的空间里，摆设兼具随意性和创造感。从上往下看，像来到了古罗马的露天剧场。楼梯的板子叠加着往上，板子左边没有支撑，牢固作用只靠右边的中轴。最高层便是高文安的私人空间了，这里是个完全开阔的空间，忙碌的员工办公室可以一览无余。

高文安希望尽量把屋外的空间引进室内，在工作时享受到周边环境。于是，20多个大石门分布在工作室内外，让2000平方米的空间感觉很大气。大石门是从上海运过来的，每个足有两吨重，放入工作室的露天花园却是最合适不过的摆设了。露天花园的两边摆上了1米多高的酿酒大罐子，罐子里则种上大棵植物——海芋头。

健身房也是工作室的一部分，有完整的健身器材可以使用。阿诺·施瓦辛格等健美男子的海报恐怕是最惹眼的装饰了。健身房外，到那个宽2米、长15米的露天小泳池泡泡，再或者架个木搭板，在上面小憩一会儿，享受随处可得的悠闲浪漫。

泰国的鸟笼、印度的挂毯、英国的壁炉等，来自世界各地的东西有序而和谐地放在工作室。卫生间的洗手盆用的是马槽，推拉门的把手则是电磁绕线盒，不经意却见用心的创意。高文安认为，这工作室是他迄今最满意的设计作品。

此项目在保持原建筑风格面貌的同时更兼具艺术性与趣味性，成为老区内不可多得的亮丽风景。

（五）政府部门办公机构

1.设计特点

政府部门办公机构在大堂的空间设计上，要达到气派庄严、简洁明亮的效果。因此，宜采用对称均衡美的形式来处理。由于在视觉艺术中，均衡中心两边的视觉趣味中心分量是相当的，对称给人一种安定的感觉。为此在设计时重点放在大堂。大堂对称排列的柱子由柱座、柱身及柱托组成。整个柱子的设计如擎天之柱，刚劲有力，根基稳固。墙面及地面大都铺浅色花岗石或大理石，大堂设计简洁、明亮，天花的造型简洁而有层次感。

设计时在材料的运用及天花、立面造型，要形式感统一。让一种材料、色彩占主导地位，令大堂看起来富有变化又非常和谐和稳重。

当然，现代政府部门办公机构有些也大胆地使用较活跃的环境形式来设计。空间的分隔上更为灵活，区域划分也是根据工作的实际需要，以方便人员的工作，提高工作效率来考虑。接待区设计得更加人性化，为来客考虑得更周到细致，工作人员与来访者的交流更贴近、更融洽、更高效。办公环境设计趋于人性化，色彩和个性化的设计也突破了传统的禁忌，堂而皇之地出现在办公机构里。

2.设计实例

（1）以法国文化部大楼为例，建筑物立面不锈钢金属网以及大面积开口窗户为这个方案的室内空间带来高质量的性格与恢宏的自然光线，让整个30000平方米的办公空间充满明亮与亲切的空间氛围。建筑物高8层，其内部工作空间的安排、材料的处理以及色彩氛围的掌握等，都与这个光线设计的大主题相呼应。

材料及其处理方式在此像是音乐的主旋律一般反复铺展：地板采用相同的材质、墙面采用统一色系、办公室隔间采用同一类型的玻璃隔墙。设计师借助对建筑物整体机能的安排，以及办公空间所在位置的空间特性，创造变化无穷的多样化空间。面对孟德斯鸠路、佩提香路以及花园方向所安排的是大面积的办公空间，长形的空间以及转角的空间配置在圣欧诺黑路的一侧，有的工作空间面向对街城市建筑的立面，有的高高在上，凌驾巴黎的城市屋宇。因此，办公室的视野变化也不一而足，有面对花园的景观，有坐揽巴黎市屋顶的景观，有俯瞰建筑物周边四条道路繁忙的街景。

室内隔间墙与天花板的石膏板都以天蓝色系为底，空间中点缀多种符号图案与色块使整体环境显得更为活泼。每一个办公室的玻璃隔间上都印着不同彩色长方形的图案，天花板上空调管道的出口覆盖了形似暖脚袋的合成胶质装饰元件，餐厅的光罩印着方案设计师们脸孔的图案，30000条细如发丝的柔性钢线悬吊在接待大厅的天花板上，52张不同花色的壁纸标示着地下三层的停车空间。这些细致的空间处理方式为这个行政建筑物增添了一种家居工作场所的亲密感。

亮面的地板使得来自立面的光线能够在此反射进入建筑物深处。室内交通流线与办公室之间的隔墙采用雾面玻璃，不仅增加走道空间明亮的特性，也确保了工作空间必要的私密性。这些交通空间是名副其实的光盒子，来自外部道路以及内部中庭花园的自然光线在此交叉穿透。以蔓越莓红色地毯铺地的交通空间引导人们进入建筑物的内部，它同时也减低了行人脚步声的干扰，满足了建筑音效控制上的要求。

（2）以法国信托局办公室为例，此方案里，建筑师设计的办公空间具有极佳的隔音性能，它们由不透明隔板或者透明玻璃所围住，并面向一条主要的交通流线。此交通流线并非一条单纯的走廊，它串联了几个特殊的区域，例如：陈列艺术品的展览区、自动贩卖冷热饮料的休息区、影印区等，促进了整体办公空间的交流。

方案的隔间墙板组装系统经过特殊设计，它让各个工作台在众多周边设备获得充足的电源供应，而且使衔接每一个工作台的线路配置方式拥有最高的自由度。隔间下方的可动式出线闸可依个别座位空间需要而弹性调动位置，充分提高工作效率。

但是对某些办公空间的特殊要求而言，可动式隔间系统并不能够提供令人满意的解答。有的空间要求完美的隔音设备，而且室内空调设备只有透过交通空间的固定式隔墙才能有效运作。因此，建筑师在开敞式办公空间以及模具化办公空间外，提出第三种可能性，符合理性原则的弹性工作空间。他在本方案里使用规格化的元件来塑造具有多元可能性的办公空间，同时也根据理性原则在交通流线周围配置传统的封闭式与开敞式办公室。在交通流线的设计上，建筑师借助几何形状、空间氛围以及色彩的变化，将长达80米的大走廊塑造成若干渐进的段落。这个空间的色彩特性表现在铺地的图案上。例如，在交通流线上，一系列正方形、长方形或L形的特殊区域借助地毯颜色的不同而界定，它们塑造成亲切的交谊场所，隔间板用的是有条纹装饰的磨砂玻璃，使室外的自然光在穿透建筑物立面与办公区之后，照亮这个交通空间。

光线是塑造这个渐进式空间的主要设计元素。大走廊的主要光源来自天花板上，镶嵌在中轴线两边，它们在地上形成若干温暖的光点。交谊区域以及旁边的办公室天花板上则装置了可调向的金属卤素灯。当办公室的光束穿过隔间的磨砂玻璃而抵达交通空间时，形成一种比光源原色稍冷的、接近自然光的光源，同时将隔间面板的框架图案映照在地面上。

第四节　现代化办公空间项目案例分析

一、香港 OSM 办公室

在湾仔净面积为 1000 平方米的华润大厦的 19 层，设计师通过简单明快的设计把一个近乎长方体的空间转化为一个分开的、线条现代感十足的多维几何空间。

除了极富魅力的办公空间，在设计的背后，它还展现了对强烈几何形状以及色彩的运用，这些促成了一种新的办公风格，而对材料和色彩的关注以及家具的设计在这种风格的形成中起到了重要的作用。

门口宽大的滑动玻璃、在白色玻璃背景下精心设计的接待台以及打磨的像地板一样的混凝土，让来访者在到达电梯大堂时有一种敞亮和受欢迎的感觉。在这个设计中只有很少的色彩被用来互补，间隔的玻璃、白色的墙壁和混凝土之间相互映照，不但彰显了连贯性，也成了空间中的间接路径。这些是这个不断变化的环境中最关键的设计因素。

在相对狭窄且天花板高度不等的接待空间简约设置中，材料和家具等元素是设计的关键元素，白色玻璃背景墙下的接待台，在打在混凝土的地面和后面白色喷漆墙的光线衬托下，仿佛悬浮起来一样。黄色玻璃的背景墙和墙上不规则的图案显出了趣味性，同时也指向了一种待观察的新兴空间。

光滑的水泥地面延伸到产品设计团队的工作室，室外工作空间的设计使整个空间的氛围更加轻松。而半封闭的办公室，门上的玻璃隔板，维多利亚时代的路灯、草坪、足球机等极具设计感的凳子使室外空间感觉起来更像室内空间。

开放式厨房拥有着精心设计的休息室，引人注目的现代玻璃和橡木材质的地板使它具有餐馆的规模和气势。半高玻璃的隔断以及无门的设计增加了它的开放性，也统一了相邻的空间。

光滑的混凝土地面延伸到了会议室的入口处，红色地毯的后面，在白色柔和的会议桌和极具设计感的椅子的对比下，灰黑色斜条纹的声墙板更加引人注目。

这个办公室在喧嚣的湾仔区中，提供了一个别致的休息空间。简约的设计、柔和的基调在办公环境中达到一种完美的平衡。无论它是商务会议室，或只是一个普通办公室，设计者都有意让使用者在走出去以后相比于进来时多一点复杂的感觉。

二、深圳景顺长城基金公司总部

深圳景顺长城基金公司位于福田 CBD 中心区的嘉里建设广场，总体设计强调品质与品位的突显。初始的创意，确定稳健为主题，并赋予公司内涵与气质，打造高效、明快、人性的工作环境。

写字楼共两层，各个功能区域都以大方、稳健为设计主旨，除了会议室、董事长室、前台接待处，一律用平吊。地面使用线条纹理环保地毯，以色彩、图案的过渡区分空间的功能，但保持整体色调和谐。各部门的间隔多用隔音玻璃，玻璃只在中间部分粉饰磨砂条，上下都是透明的光面，这样既保持了私密性，又增强了空间的弹性和灵活性，融化了紧张的办公气氛。

前台用拉丝茶色不锈钢板作背景墙，配以 LED 灯槽的光束，泛着铜质的光泽，可以给来访者带来踏实且高贵的感觉。天花和地毯呼应的弧线及圆形设计，将接待区与等待区分隔。分列周围的有小型接待室、会议室、文具资料室，右边中型会议室的一道隐形屏风，开启时实现了功能空间的分解，收拢时则实现了空间的流动与通透。严谨的行业规范，对各个部门的编排也有严密的秩序，办公空间分布在楼层四周，其他的档案室、复印室、图书室、文宣仓库等依据各自功能并细致考虑到与各部门的关系而围绕楼层中心展开。

绝好的层高优势，各办公室通过大窗即可眺望繁华市中心区，开阔的视野带来了身心的舒展。设计中还体现了细腻的关怀，董事长可以直接从办公室内的门进入会议室召开董事会议。员工休息室特别采用最亮眼的色彩，红与白的搭配让紧张工作的心情顿时放松且充满热情，更有艺术画作欣赏，所有办公桌椅都是符合人体工程学的体贴设计，造型简单却从材质本身张扬品质，尽显现代企业的稳重与大气。合理的空间布局，对公司要求的各个部门的人员安排显得从容而大气，并且注重区域环境的美观性与整体环境的统一性。结合到陈设艺术设计方面，为了突显公司的品位和企业文化，在公共走廊、会议室、员工休息室等都摆有雕塑或艺术挂画，甚至请到知名画家为公司即兴创作画作，并留有亲笔签名。不仅提高了办公空间的艺术氛围，还提升了空间价值，为员工创造了一个充满人文气息的优雅工作环境。

三、东方 IC 创意办公室

本项目位于静安区一幢老厂房的五层，靠近静安寺。静安寺是一所古老的佛家寺院，位于本区域的中心地带。东边紧邻黄浦区，北面是苏州河，静安区是中心区之一，也是人口最密集的区之一。但这幢老厂房周围却是相当安静并有宽阔的林荫道。

对于本案，设计师充分考虑了客户的特性。东方 IC 是一家专业的多元化视觉资源提供商和图片技术服务商，服务于国内和国际市场。为了体现他们与中国各地包括各个省的摄影师联系的庞大网络，其新办公室需要很好地服务其专业需求并且要反映出活力和创意。

结合客户的专业领域和需求，设计师将已有空间重新设计，使用天然材料，打造成纯净明亮的 LOFT 创意空间，根据各个独立的专业区域，重新布局了各个实用功能空间，使销售及市场、编辑、摄影、人事、IT 及管理部门在视觉上归于各个不同的区域。

7 米高玻璃屋顶的摄影棚位于中心区域，象征着公司的核心业务，它指引着整个空间并组织引领着办公室里其他的工作区域。我们认为拍摄和图片编辑是一项需要安静环境的工作，因此我们采用了天然材料并混合了水泥和木头、明亮的白色并结合了风水创造出了具有"禅"意境的小花园。

开放式工作区配备了大型白色钢琴漆办公桌，满足了友好的工作氛围并使员工交流起来更轻松。配色方案也仍然大面积选用纯净的白色。而会议室的玻璃门选用了红色以平衡并打破白色的单调。同样，在图书馆区，几组暗色调几何型书架延续了强烈的画面感和视觉元素。

设计者非常小心并没有破坏空间的原本结构，继承了老厂房的工业气质，通过创意布局使其变成时髦的办公室，符合东方 IC 视觉资源提供商的角色定位。

四、福建科大永合投资有限公司

本案在项目空间中，以低碳为设计立本，大量采用低成本的物料组织空间，黑白元素风格简约而不简单，注重人性化设计，合理规划，功能分区流动性强，巧妙运用几何形对墙面进行装饰，极为符合后现代办公的领域环境。在极限的建筑外框下，力求改善办公场所的放松，非形式化。对此特为办公空间做出了区域的横向分割，用简洁的色彩对地面与墙面衔接在一起，同时结合当代的设计手段来增加彼此办公的亲切感。

空间设计是一种生活的设计，办公空间也不例外，生活应该是与大自然相结合，因此设计元素应从生活中获取，利用各物质提炼设计元素，挖掘灵感，丰富各个领域的设计。在此为了给公司营造气氛，设计者在过道上惟妙惟肖地改变了传统长廊的过道空间。通过异形墙面的手段使过道空间起到了延伸的视觉效果，借助这些手法来改善传统过道。尽头的圆窗仿佛一缕清晨初升的太阳，吊挂的圆与太阳心心相印，好比公司与客户紧密连接，力求方圆也给公司带来财源。尽管社会与环境是变化多端的，但设计灵感始终来源于生活。

高层级领域人员布置在公司的两侧，布局的设计从地理位置及功能实用性上考虑，结合高科技的家具设计，为空间带来强烈风格。董事长办公室在考虑人机工程学因素条件下，对长期办公的家具挑选舒适性与现代感较强的家具。

设计始终力求整体到局部的布局，为了方便公司统一管理，在开放性办公空间采用一字型布局，既宽敞又便捷，方便员工与上司之间的交流与合作，长长的日光灯为办公提供了可靠的光照度，为工作创造了一个令人赏心悦目的环境，整体功能齐备，同时又感到舒适和平静。简洁的会议室，在墙面上运用块面处理手段，利用玻璃与墙面的分割，不仅使过道空间感更强，同时也为会议室透明化起到了铺垫作用。灯光与墙面色彩因素的融合使会议室更加轻松，时代感得到了升华，这改变了传统会议室的沉闷。

面对当下的现代生活，传统的泡茶至今也得到了延续，古老的传统泡茶空间也有点不合时宜，利用现有的空间设计泡茶的空间，通过鹅卵石铺地与砖的配置，进行了限定。另外在吊顶空间与灯的创意手段上要做到既环保又节能，在茶具与家具挑选上，精选挑选现代感强且与整个泡茶室风格相统一，打造一个与大自然息息相关的泡茶环境，同时与对面的会议室形成对比。舒适与亲切，为传统办公空间泡茶适当地融入了现代的气息。茶室的空间是通过石板路进行引导的，茶室的设计独具匠心，镂空的隔断若隐若现，吊灯具有强烈的设计感，抽象而富有古韵，用原始的概念来诠释另一种设计创意，形成了一个充满古韵、干净、清新的空间，可以想象在茶香四溢的时刻，定能给予来访者心灵的享受。

最后在公司的角落设计了一个活动中心场所，给员工们提供一个良好的愉悦平台，为了让员工能够淋漓尽致地放松，在此提供了舒适的沙发，健身器材。此空间也为整个办公空间带来了动与静相结合的对比。

五、南京金宸建筑办公室

南京金宸建筑设计有限公司成立于1994年，是一家具有国家建筑工程设计甲级资质的综合性建筑设计公司。公司要求新的办公室不仅能满足现有办公人员的要求，更要考虑到下一步的扩张需要。此次改造完全暴露其内部的结构造型，增加构造感，形式方面更能体现其建筑设计公司的背景特点。

由于原有的办公空间高 5 米多，所以设计师利用增加夹层来满足人数多的要求，同时与外窗区域的挑空形成对比，营造竖直方向上的层次感。其中重要的一点就是利用"积木"的堆积原理在室内盖房子，将相对私密或共享的区域归纳成积木的盒子，使用具有粗犷原始感的 H 型钢将其框起来，然后在平面布局上交错布置，用来规划分割整个开敞自由的办公区域。在垂直布局方面交错堆积。盒子的顶面变成夹层的地板，多个盒子的巧妙布置将连续的顶面延展成整个夹层的地板，常规夹层做法中薄薄的楼板没有了，消除了夹层带来的高度上的局促感。

另外设计师利用粗犷的欧松板作书架，地面也采用原始的水泥地面，天花设备以及一些管线同样完全暴露。还有楼梯护栏和展示架也是直接从工地上拿来的脚手架制作而成，H 型钢是作为整个空间的特殊形式语言完全暴露在外面。

为了增加办公空间的趣味性，设计师在休闲区利用原有墙面制作了一个攀岩墙，以供办公人员在休息时娱乐健身。

改造后的整个空间自由、开敞而不失秩序，粗犷、朴素但别有美感。一些通常只做基层、土建类材料的运用，营造出很多意想不到的效果。

参考文献

[1] 辛艺峰. 建筑室内环境设计 [M]. 北京：机械工业出版社，2018.

[2] 过伟敏，魏娜编. 室内设计 [M]. 南昌：江西美术出版社，2009.

[3] 肖华华，李海军，徐伟. 室内设计 [M]. 青岛：中国海洋大学出版社，2014.

[4] 理想·宅. 室内设计资料集 [M]. 北京：北京希望电子出版社，2021.

[5] 杜雪，甘露，张卫亮. 室内设计原理 [M]. 上海：上海人民美术出版社，2017.

[6] 赵肖，杨金花，宋雯. 居住空间室内设计 [M]. 北京：北京理工大学出版社，2019.

[7] 凤凰空间·华南编辑部. 室内设计风格详解 [M]. 南京：江苏凤凰科学技术出版社，2019.

[8] 胡发仲. 室内设计方法与表现 [M]. 成都：西南交通大学出版社，2019.

[9] 程晓晓. 室内设计新理念 [M]. 天津：天津科学技术出版社，2020.

[10] 侯淑君. 室内设计思维与方法研究 [M]. 长春：吉林摄影出版社，2019.

[11] 刘经金，杨建军. 室内环境设计中装饰材料可持续性应用美学探析 [J]. 中国住宅设施，2022（10）：31–33.

[12] 杜宙飞，李宇宏. 人性化设计在室内环境艺术设计中的应用分析 [J]. 时尚设计与工程，2022（5）：16–19.

[13] 张煜帝. 浅析室内环境设计中的生态理念 [J]. 居舍，2022（24）：22–25.

[14] 沈泓邑. 室内环境艺术设计中软装饰材料的运用 [J]. 中国建筑装饰装修，2022（8）：65–67.

[15] 高琦. 绿色设计理念在室内环境设计中的应用 [J]. 北京印刷学院学报，2022，30（3）：45–48.

[16] 阮凤彬. 建筑室内环境艺术设计现状与发展探寻 [J]. 鞋类工艺与设计，2022，2（4）：129–131.

[17] 朱芸. 基于色彩美学的室内环境设计 [J]. 建筑结构，2022，52（2）：160.

[18] 吴懿. 传统文化在室内环境设计中的渗透表现 [J]. 建筑科学, 2021, 37（1）: 157–158.

[19] 王帅. 浅析陈设艺术在室内环境艺术设计中的应用 [J]. 居舍, 2020（35）: 89–90.

[20] 吴家炜. 室内环境设计的色彩搭配方法探究 [J]. 家具与室内装饰, 2018（5）: 116–117.

[21] 肖逸熙. 多媒体时代下图书馆室内环境的转型研究 [D]. 南京: 东南大学, 2019.

[22] 储雅珩. 文化语境下现代设计中软装饰的应用与发展 [D]. 天津: 天津师范大学, 2018.

[23] 杜洋. 可持续商业室内环境设计方法研究 [D]. 武汉: 华中科技大学, 2016.

[24] 秦杨. 基于情感需求的室内环境设计研究 [D]. 武汉: 武汉理工大学, 2013.

[25] 李亭亭. 幼儿园室内环境设计研究 [D]. 长春: 吉林大学, 2013.

[26] 张伟琳. 基于环境心理学的老年人室内环境设计研究 [D]. 长沙: 中南林业科技大学, 2012.

[27] 陈小青. 基于人性化设计理念的商业室内环境设计研究 [D]. 南京: 南京林业大学, 2010.

[28] 汪玉. 当代消费文化对室内环境设计影响研究 [D]. 杭州: 浙江农林大学, 2010.

[29] 崔巍. 基于视觉心理理论的现代家居室内环境设计和谐性研究 [D]. 哈尔滨: 东北林业大学, 2009.

[30] 关剑. 自然环境与室内环境设计关系初探 [D]. 重庆: 重庆大学, 2008.